家务,
随便做做
就行了

解构家务,
写给困于内耗的你。

[美]凯瑟琳·戴维斯 著
吴慧雯 译

上海科技教育出版社

图书在版编目(CIP)数据

家务,随便做做就行了/(美)凯瑟琳·戴维斯著;吴慧雯译.--上海:上海科技教育出版社,2025.1(2025.4重印).
ISBN 978-7-5428-8270-7

Ⅰ.B821-49

中国国家版本馆CIP数据核字第2024YR8760号

责任编辑 陈怡嘉
版面设计 符 劼
封面设计 肖祥德
插图绘画 李 田

家务,随便做做就行了
[美]凯瑟琳·戴维斯 著
吴慧雯 译

出版发行	上海科技教育出版社有限公司	
	(上海市闵行区号景路159弄A座8楼 邮政编码201101)	
网 址	www.sste.com www.ewen.co	
经 销	各地新华书店	
印 刷	上海盛通时代印刷有限公司	
开 本	787×1092 1/32	
印 张	7	
版 次	2025年1月第1版	
印 次	2025年4月第2次印刷	
书 号	ISBN 978-7-5428-8270-7/N·1229	
图 字	09-2024-0951	
定 价	65.00元	

目录

如何使用本书 / I

导言 / II

1. 放下对家务的道德滤镜 / 2
2. 善待未来的你 / 5
3. 写给困于内耗的你 / 8
4. 能力复健：五步整理法 / 15
5. 温柔的自我对话：

   一团糟的家并不代表什么 / 20
6. 关注家务的实用功能 / 26
7. 温柔的自我对话：

   找到你的"同情者"视角 / 35
8. 有序不一定等于整洁 / 40
9. 患抑郁症的"苏西" / 45

- ⑩ 能力复健：激活动力 / 47
- ⑪ 解构家务的重复性 / 58
- ⑫ 能力复健：设置实用优先级 / 62
- ⑬ 女性与家务 / 66
- ⑭ 能力复健：洗衣 / 68
- ⑮ 抑郁的你，不用去拯救热带雨林 / 78
- ⑯ 别管那些塑料球 / 81
- ⑰ 能力复健：洗碗 / 88
- ⑱ 如果没有孩子……会不会好一点？ / 93
- ⑲ 克服洗浴障碍 / 95
- ⑳ 自我厌恶的时候也要照顾好身体 / 103
- ㉑ 温柔的自我对话：我是个普通人 / 105
- ㉒ "差不多"已经很棒了 / 108
- ㉓ 能力复健：换床单 / 111
- ㉔ 休息是你的权利，不是劳累后的奖赏 / 113

- ㉕ 公平分配家务的关键 / 120
- ㉖ 能力复健：打扫浴室 / 130
- ㉗ 能力复健：保养和清理汽车 / 132
- ㉘ 身体不听使唤怎么办 / 133
- ㉙ 对家庭的付出无关道德 / 136
- ㉚ 打扫房间与原生家庭创伤 / 139
- ㉛ 挑剔的家庭成员 / 142
- ㉜ 节奏重于常规 / 144
- ㉝ 能力复健：维护你的空间 / 151
- ㉞ 我最喜欢的仪式——"收尾动作" / 160
- ㉟ "能力赤字"与支持缺失 / 165
- ㊱ 家务外包也没关系 / 167
- ㊲ 糟糕的运动 / 172
- ㊳ 你的体重无关道德 / 175
- ㊴ "吃什么"无关道德 / 178

- ㊵ 重拾你的节奏 /182
- ㊶ 你值得拥有一个美好的周日 /184

附录 1 /187

附录 2 /191

致谢 /198

关于作者 /201

如何使用本书

我想让本书的各位读者获得一次轻松、无压力的阅读体验,因此在页面设计和排版上尽量显得宽松、舒缓,也将段落和章节分割得较为简短。文中的要点我用**粗体**标出,帮助大家迅速抓住重点。而且,我对所用的隐喻都进行了字面解释。

我在撰写本书时,力求全面地说到我们在某些艰难时期的心理状况和可能遇到的处理家务的问题,我在写作时尽量做到语句平实简单,不让句子长到令人生畏。

如果你觉得阅读全书有些吃力,也可以根据我在章节后给出的"阅读捷径"阅读全书。如果你采用这种简略的阅读方式,可能只需要 30 分钟到 1 小时就能浏览完与自己的情况有关的部分。

现在,让我们从第一页开始。

导言

2020年2月,我的第二个宝宝诞生了。在怀孕和养育第一个孩子时,我出现了焦虑的症状。当时,我的丈夫刚接手了一份一周7天都十分忙碌的工作,无法来帮我照料孩子、打理家务。那段日子的忙碌和痛苦让我至今记忆犹新。于是,这一次,我为自己制订了一个周到的产后支持计划:我的大女儿已经到了可以去幼儿园的年龄,每周有4天能在幼儿园度过大部分时间;我联系了几位亲友,在生产后的头两个月里,每周轮流来帮助我;我预定了每月一次的家政清洁服务,届时家政人员会来打扫和整理;我参加的新妈妈互助小组的成员也会轮流来送饭并在家务上搭把手。

我为自己的妥善安排感到非常满意,觉得这一次一定能从容应对,不会出现生第一个宝宝后手忙脚乱的情况了。但人算不如天算,这个计划还没开始就结束了——我生完孩子3周后，因为新冠疫情，整个产后支持计划都卡住了，完全无法运转，一切都得靠我自己。

在产后独自照顾两个孩子的那段时间，我的世界变得非常、非常狭小，却有着令人头晕目眩的"转速"。我被卷进了忙乱无比、周而复始的家务和养育任务中，每天都稀里糊涂地度日——相信每个亲自照料孩子的妈妈都曾体会过这种感觉。母乳喂养的艰难、夜复一夜的失眠、孩子们无法预测的哭闹……我很快就陷入了抑郁。我被那种孤立无援的感觉淹没，对周围的人和事变得麻木。家务堆积如山，我眼睁睁地看着整个家在摇摇欲坠却无力改变。我每天都努力去满足两个孩子的需求，但每晚上床时都充满了自我否定和巨大的失败感。我躺在床上，在疲惫之外，另一些念头不停地磨损我的心力："我是不是犯了一个巨大的错误？也许我的能力只够照顾一个孩子，根本不适合当两个孩子的妈妈。别人是怎么做到照顾孩子的同时还把家打理得井井有条的？别人为什么都行，我却不行？我太差劲了!"

有一天,我妹妹为了让我不那么难过,给我发了一些有趣的网络短视频,她说:"你也安装一个短视频应用吧,上面有很多好玩的东西,说不定会让你开心的。"我照做了。有一次甚至鼓起勇气发布了一段视频,在互联网上展示了我那一片混乱的家。在软件自带的洗脑神曲的伴奏下,镜头掠过了凌乱的客厅、溢出水槽的脏盘子和3天没洗的平底锅——里面还有吃剩的玉米卷饼。我附上文字"可没时间做什么白日梦!"并给这段视频加上了"母乳喂养"的标签。

我相信,自从有了互联网,无论哪国的妈妈,都会在网上吐槽照顾新生儿有多辛苦,大家都会产生共鸣。但我却在视频下收到了这样的评论:"你可真差劲。"这句话困扰了我很久很久。我一直认为自己虽然有时条理不够清晰,甚至可能有点注意力缺陷,却是个充满了活力和创造力的人,这个"差劲"的评价深深伤害到了我。它就像一条潜入我脑海的毒蛇。我觉得总有个声音在夜深人静时缠绕着我的喉咙,在脖子上一圈圈收紧，在我耳边嘶嘶地说："你就是个失败者，你能力不行。"

我自己就是个心理治疗师，我用专业经验一遍遍地告诉自己，"情绪过载"、被事务压垮并不意味着我是个失败者。但你也知道，很多时候理智的认知与内心的感受完全是两回事，要完全割离哪怕是素不相识者的负面影响都很难。

在那个时期，我被那个负面评价"感染"了，情不自禁地认为，自己无法让家里保持整洁就证明我是个无能的人。

但我不是。

在仔细地研究了生育知识后，我在没有止痛药的情况下生下了大女儿。当孩子在新生儿重症监护室里住院时，我每3小时挤一次母乳，让宝宝顺利度过了艰难时期。把她带回家后，我每晚给她亲喂6次。现在，尽管我有产后抑郁的症状，但还是每天起床，日复一日地照顾新生宝宝和刚刚学会走路的大女儿。我还能自己动手做墨西哥菜。在完成这些工作时，我产道的伤口甚至还没有拆线。

这个网上的陌生人却仅仅因为我的家不够整洁，就随口评价我是个失败者、懒鬼。

盘子没有及时洗？脏衣服堆起来了？是的。当我觉得自己快要被生活溺死时，哪怕要完成简单的家务都很困难。

我很累。

我很沮丧。

我不知所措。

我需要帮助。

但我并不懒惰。

你也一样。

◆ 家务是什么？为什么它会成为沉重的负担？

家务是生活中很多必须要做的琐碎杂事：烹饪做饭、清洁打扫、洗晾衣物、采购备餐、洗刷碗碟、卫生保健等等。对于大多数人来说，这些事看起来很简单，至少算不上复杂。但当你不再把"家务"作为一个混沌的整体而是分解来看时，你会发现：**做家务不仅需要投入时间、精力，而且需要有一定的劳动技能和规划能力，同时还意味着大量无法停歇的维护工作。**

你会意识到，做家务并不简单。

就拿"吃饭"为例，让自己吃饱、把身体维持在相对正常的状态，并不仅仅是一个把食物放进嘴里的动作，而是一系列系统性的任务。

你需要安排时间去采购、计划好买什么食材，以及思考这些食材如何搭配成不同的菜色。为了保持健康，你得知道各种食物有哪些营养，你多少得有点这方面的知识。你要有烹饪的技能，知道如何处理这些食材，以及花多长时间做饭才能确保自己和家人能在饭点吃到这顿饭。如果吃饭的人不只你一个，你还需要周到地考虑每位用餐者的健康需求或口味偏好。

你要具备必要的技能，还要有一定的精力才能制订计划、安排执行，然后周而复始地坚持下去，完成准备一日三餐的任务。你还要额外花费心思和情绪能量去处理与食物、体重有关的问题，应对因身体状况或情绪因素导致的食欲不振。你必须有足够的情绪能量来应付面对一堆食材不知道从哪儿下手的无力感，以及因厨房变乱而产生的焦虑。你多半还需要有多线程工作能力，因为负责做饭的人往往还要兼顾其他家务和照料孩子，甚至同时忍受着身体疼痛。

再来看看清洁打扫吧——这也是一项无休无止的家务，需要调用大量日常技能才能让"生活"这个项目持续运转下去。

首先，你必须有确定所有工作次序和优先级的执行能力。这本身就是一种复杂的心理过程，需要高级认知能力，其中包括组织任务、记忆细节、管理实践和解决问题。在维持家庭整洁这个大工程中，你需要了解哪些清洁工作是每天要做的，哪些清洁工作可以几天做一次，并且得记住它们的周期。你要熟悉那些五花八门的清洁用品的用法，采购时要记得配齐它们。你得有体力、时间和强健的精神状态去长时间投入这种低多巴胺的活计。你还得强忍恶心，因为清洁工作常常需要处理那些脏兮兮的东西。

有人会说："清洁打扫就是随手弄一下的事儿。"听起来似乎说得没错，但说这话的人没有意识到，完成清洁打扫工作的背后，需要调用大量技能、精力和时间。而且，在日常生活中，你随时会被其他需要优先处理的状况打断和干扰。

照顾一个家庭，还意味着需要承担健康护理和卫生保健的任务，这也是家务中的一项。人们总是很轻巧地说，想要保持健康只要"吃得好、勤洗澡"就行了，但对于家中那个真正在做家务的人来说，情况远比这复杂。你必须拥有社交技能，才能和医生沟通并进行预约，安排自己或家人的时间表，确保能准时赴约。你必须花费时间和精力去填写就医表格、每天督促病人（有时是自己）按时服药。有些事对于大多数人来说是可以不过脑的，如刷牙、洗头、换衣服，但对于很多抑郁、焦虑或有执行功能障碍①的人来说，看似

---

① 执行功能指确立目标、制订和修正计划、实施计划、进行有目的活动的能力，是一种综合运用知识、信息的能力。出现执行功能障碍时，患者无法做出计划，无法进行创新性的工作，无法根据规则进行自我调整，无法对多件事进行统筹安排。

简单的日常却是难以完成的任务。在我作为心理治疗师的职业生涯中，见过数以百计的来访者在这些问题上挣扎。我现在比以往任何时候都坚信：他们并不是懒惰。

事实上，我认为"懒惰"是个伪命题。

当我们看到所谓"懒惰"的现象时，你知道我们真正面对的是什么吗？哪些因素实实在在地影响着人处理事务的能力？注意缺陷多动障碍、创伤后应激障碍、孤独症、抑郁症、颅脑损伤、双相障碍、焦虑障碍……以上这些只是影响执行功能的部分病症。执行功能障碍、动机缺失综合征、自我调节失败造成的拖延、压力过大、完美主义、精神创伤、慢性疼痛、疲劳、抑郁，以及对事情轻重缓急的判断困难……诸多因素会使计划事务、时间管理、工作记忆和组织行动变得困难，而包含多个步骤的任务对正在经历这些痛苦的人来说将更加难以完成。有时，那些料理家务的人很可能从来没有渠道学习家务技能或缺乏外部支持。加拿大心理学家唐纳德·赫布提出了神经科学领域广为人知的赫布理论:"同一时间被激发的神经元间的联系会被强化。"大脑会把感受和经历联系起来。这意味着,如果一个人在童年或家庭伴侣关系中受到过虐待,而惩罚措施是打扫卫生,这个人就会对打扫卫生产生创伤后应激反应。他们可能会回避此类家务劳动,因为这会触发他们的痛苦感受。

这些功能障碍会使完成日常家务变得困难,而当事人往往会感到羞愧、自责,从而进一步加重抑郁和焦虑症状。"这么简单的事情我怎么会做不好呢?"这种负面的自我评价很快就会形成恶性循环,使人更加难以行动。他们不太可能在家务上寻求帮助,因为他们非常害怕别人的评判和拒绝,随着羞耻感和孤独感的增加,心理健康水平也会急剧下降,自我厌恶感倍增,行动能力消失殆尽。

可怕的是,当有人身陷这种困境时,朋友和家人往往会用挑剔的眼神和冷言冷语来对待他们,似乎想用这种错误的方式刺激他们行动起来。但这种方式只会产生相反的效果:被贴上"懒惰"标签的人自我评价进一步降低,觉得无法应对家务就是道德上的失败者,自己理应拼尽全力去完成那些家务。原本健康范畴的问题和客观存在的繁重劳动被异化成了道德问题。

如果你现在正在因周围和自身的一团混乱而哭泣,这本书就是为你写的。

你并不懒惰。

你不是失败者。

你只是需要不带偏见的、体贴的帮助。

◆ 和缓地推进复健,温柔地对待自己

本书与其他心理自救的书的区别在于:我不会为你制订一个要去执行的计划,你只需记住一点:你不是为"家"这个空间而活的,相反,"家"这个空间是为你的需要、你的生活而服务的。做不做家务、如何做家务应该由你主导。如果能把这一理念内化于心,你看待家务的心态会慢慢转变:把家务从"道德上应尽的义务"变为"功能性的工作";看清你真正想要

XIII

改变的是什么，花最少的力气将它们融入生活，从厌恶自我转而关怀自我。

我通过治疗师的培训和工作，以及亲身经历得出了这个结论，希望它对你有用。

过去几十年来，我一直认为，我展现在别人眼前的自己和我家的样子决定了我作为家务主要责任人的价值。家中越井然有序，越表明我勤劳、聪明、干练。这种心态让我努力地干活，想处理好一切，直到累得精疲力竭。但即使我这样全力以赴，也丝毫不能解决自我厌恶的问题，而且，由于家务是不断重复产生的，那些所谓的"改善"也并不能维持多久。

青少年时期，我非常在意别人对自己的看法，痴迷于被视为"值得拯救"的人，甚至模仿涅槃乐队的乐手去吸毒。我16岁时被送去戒毒所治疗了一年半。我摆脱了毒瘾，但发现自己的心中仍然有个空洞。我是那么急于被认可，甚至宗教信仰也被用来填补这个空洞了。后来，我进入神学院学习，羞愧地发现，自己这样做的主要动机是再次成为一个在周围人看来

"足够好"的人。我在快30岁时才意识到,自己一直在重复着同样的模式而不自知:扮演着别人眼中我应该扮演的角色,用"别人的评价"取代真正的自我价值,好像只有这样才配得上获得善意、爱和归属感。

我对自己的崩溃充满了罪恶感,而当我把"重新开始生活"看作一种弥补方式时,便陷入了"表现自己—追求完美—再次失败"的羞耻感循环,无法自拔。

新冠疫情初期,我和两个孩子困在家里的那一年,虽然在很多方面都是痛苦的,但让我有机会重新审视自己与"家"这个空间的关系。

在做家务、照顾家庭这件事上,我们的挫败感往往来自我们没能实现自己制订的照顾计划,或对我们正在经历的状况产生了根本性的误解。

"获得价值感"和"自我关怀"之间是有很大区别的。

你如果想努力适应你在网络、杂志等媒体上读到的那些评价体系,觉得作为处理家务的人,只有把家打理得整整齐齐、有着五彩书架和完美搭配的袜子,你才值得被温柔以待、获得归属感,那你永远都不会感到满足。因为你无法从这种途径获得那些。更有可能的情况是:你给自己设立了许多规则,试图建立起秩序,努力打理家务,扮演一个别人眼中"合格"的、有条不紊的成年人,但那些难以达到的目标会让你疲于奔命,这些秩序会在几天或几周内分崩离析。

我们真正需要的是观念的转变,关于我们如何看待自己和自己生活的空间。

我想再次强调:**你不是为生活空间服务的,生活空间是为你服务的。**

在本书中,我希望能帮你找到一个适合你的、保持你家正常运作的方案——无论"正常运作"对你来说意味着什么。我们将一起建立自我关怀的基础,学习如何停止消极内耗、消除羞耻和愧疚。然后,我们还可以一起研究如何绕过你身体和心理上的功能性障碍。本书不会像其他那些教你做家务的书一样,列出无休止的确认清单和每日必做任务。我通过亲身经历和工作经验找到了一些小窍门,如怎样在情绪过载的阶段打扫房间，在难熬的日子里洗碗和洗衣服……其实，有很多办法能用来调动我们有时不那么合作的身体和情绪。

在你和我一起踏上这段旅程时，请记住这3个词：和缓、安静、温柔。你本身就值得被爱，你也应获得归属感。这不是一次功利性的、寻找"价值"的旅程，而是一次自我关怀之旅。当我们感觉自己快要被坏情绪和琐碎的日常生活溺死时，难道不该花点时间学习如何照顾自己吗？

请时刻记着，我亲爱的读者，无论你的家是一尘不染还是一团糟，你都值得被关爱。

放下对家务的道德滤镜

道德关注的是人们性格的好坏和决定的对错。或许我们人生中的很多决定确实与道德相关,但有没有定期洗车并不在此列。你可以是一个完全正常、成功、快乐、善良、慷慨的成年人,却做不到及时清洗餐具,家里也并不井井有条。你家的家务状况——无论你的家是干净还是肮脏,凌乱还是整洁,有条理还是无条理——与你是否是个好人完全没有关系。

当你把家务视为带有道德色彩的任务时,驱动你去完成家务的动力往往是对"懒惰""差劲""不称职"等负面评价的羞耻感:家里的东西各就各位时,你可能会觉得颇有成就感；物品凌乱时，你就会觉得自己很失败。如果促使你做家务的驱动力是羞耻，那你往往在休息时也无法真正放松下来，会一直充满负罪感，因为家务是一种永远不会结束的工作，而你把原本应得的休息看作对自己完成工作的奖励。在这种情况下，你即使坐下来歇一会儿，脑子里还是会反复咀嚼着这种念头："我怎么能休息呢，还有好多事没做完……"

这是一种极其痛苦的思维方式。它会影响你整个状态，包括心理健康、人际关系、友谊、工作、学业、身体健康。在这种思维方式的主导下，别人的善意和支持无法深入你的内心。你总是会忍不住在内心小声对自己说："如果你知道我的真实状况那么混乱的话……你就不会这么喜欢我了。"但你真的不必对自己要求这么严苛。事实上，我想对那个既承担着家务，又要应付心理内耗，甚至忍受着身心疾病的你说：家务与道德无关，无论你本人是男是女，"家务处理得怎么样"与你是否是个好人，是否是称职的父母、友善的朋友、合格的配偶,都没有关系。你不会因为没能及时洗衣服而成为一个失败者,能否及时洗衣服与道德无关。

2 善待未来的你

每逢周末,我和丈夫迈克尔会轮流早起带孩子,让另一个人可以多睡一会儿。整理打扫厨房是家务分工中属于我的任务之一,我一般隔几天才做一次,但有时我会把这项工作挪到轮到迈克尔起床"值日"的前一晚来做。我会花点时间擦洗台面、洗涤锅碗瓢盆、清理洗碗机、处理垃圾,这样他第二天早起时,就有一个干干净净、锅碗瓢盆都可顺手取用的厨房了。他在看护女儿并给她们准备早餐时会从容一点儿,不至于手忙脚乱。迈克尔没有提出过这个要求,但我愿意为了让他轻松点提前打扫厨房——但是,我惊讶地发现，我从没有如此为自己着想过！我常常会在孩子们哭闹着说口渴的时候，才从脏碗碟中捞出前一天装过牛奶的杯子，急匆匆地手洗后使用。这样手忙脚乱地开始一天的工作会令人神经紧张、心情糟糕。我觉得我也应该得到来自自己的、同样的善意——我应该在轮到自己照顾孩子的那些早晨，有一个便于使用的工作空间。我开始把晚上的整理工作视为对第二天早晨的自己的一种善待——这改变了我与家务之间的关系。

下次，当你鼓起勇气去做一项令你望而却步的照护或清洁任务时，可以换个角度思考，把"唉，我现在不得不去打扫房间，它已经乱得看不下去了"换成"我现在起身去忙一会儿，未来的我就能省力一点、方便一些"。

这不是什么催眠和魔法，也不能立竿见影地保证你能从床上站起来、动力满满地重启生活，只是一种让你温柔地对待自己的方法。你知道，无论你多么严苛地责备自己也无法逼自己做到完美，所以，对自己好一点儿，没人应该为自己的健康状况而羞愧。

家务,随便做做就行了

3 写给困于内耗的你

日本"整理女王"近藤麻理惠①告诉你,要把内裤折三折来收纳。"海军上将"②大声说教:把被子叠方正可以改变你的人生。瑞秋·霍利斯③认为,成功的关键在于护理好皮肤和相信自己。

胶囊衣橱、彩虹色整理法、子弹日记……我们尝

---

① 近藤麻理惠是《怦然心动的人生整理魔法》的作者。该书在全世界售出了200万册。
② 指威廉·麦克雷文,是励志书《叠被子:海军上将的人生攻坚训练》的作者。
③ 瑞秋·霍利斯是励志书《请停止道歉》作者,此书讲述了她的成功故事。

试过多少种料理家务的方法?我们坚持下来了吗?如果你和我一样,答案可能是——没有。

为什么我们很难坚持下去?我们前面提到过:最初,对于混乱的家的羞耻感会激励我们动手去整理和清洁,但羞耻感最终还是会打消我们的积极性。而且,事情没有那么简单,造成没有动力做家务的原因还有很多。

● 任何需要极强意志力的任务或需要长期坚持的习惯都会消耗你的意志力。

随着时间的推移,动力和积极性必然被慢慢磨损。事实上,人们只能在短时间内保持专注,进行高强度的努力。

我们常常会用"捏白了指关节"来描述某人试图通过纯粹的意志力来保持清醒的状态(从事上瘾康复工作的人员常常会说,某人为了戒酒,紧紧抓住椅背忍耐酒瘾,指节都失去血色了)。而心理咨询师也都知道,无论是戒酒还是戒毒,没有人能在没有外界帮助的情况下长时间坚持。戒瘾,就像生活中的大多数事情一样,成功与否并不取决于你是否拥有强大的意志力,而要依靠医疗辅助、心理发展和情绪工具来改变你对世界的看法。

● 许多自救成功的人会把自己包装成"大师",把自己的成功过度归功于自身的努力,而丝毫不考虑自己在身体、精神或经济方面享有的特权。他们或许会说:"我所拥有的都来自我的努力!你为什么不努力?"

这种情况其实相当普遍。当一个20岁的健身达人对一个带着3个孩子的单亲妈妈说"我们同样都有24小时,我能做到,你为什么不可以"时,你会意识到这种不自知的"特权"。这位健身达人只需付出更多努力,身体状态就能得到提升,因此认为"努力"才是别人所缺少的。然而,3个孩子的单亲妈妈却面对着截然不同的状况和限制。对她来说,她不仅需要努力工作,还要在工作了9小时后,再花5小时照顾孩子和打扫房间。

当一个苗条、富有的白人在社交媒体上发布"我快乐是因为我选择了积极的生活态度"的帖子时,你也会意识到这种"特权"。他们在标题中告诉别人"快乐是一种选择",认为只要选择积极的态度就能快乐。这表明他们真的不知道自己的成功在多大程度上归功于与生俱来的好条件。一个受到心理问题、精神疾病困扰,或受到系统性压迫的人,在获得幸福的道路上会遇到更多障碍。对于他们来说,达成目标并不是调整态度那么简单的。

● 不同的人有不同的奋斗方式——特权并不是唯一的区别。

有人可能会找到一种适合自己的膳食方案、锻炼计划或整理储藏室的方法,从而改变他们的生活。适合他们的解决方案不仅取决于他们各自面临的问题,也与他们本身的优势、个性和兴趣相关。

就拿我来说,我从来无法像很多主妇一样"随手做清洁"。我也试过这么做,但我发现自己压力很大、不知所措,而且这样随时处于"做家务"的状态,我就没办法专心陪伴孩子了。相反,我自己建立的工作方法却能让我维持整个家的正常运作（当然，我的水槽里通常还是会有没来得及洗的盘子，地板上也还是有杂物），当我坐下来写作或工作时，周围的一切都很安适、取用方便。

我对自己的工作十分擅长，而且常常会沉浸其中，完全忘记时间。我不得不设置一个计时器来提醒自己，在工作间隙处理掉一些家务。当这样的一天结束时，我感觉自己充满创造力、精力充沛、收获颇丰。

我有一位和我的工作状态类似的好友，我们会把对方当作倾诉、交流的对象，讨论自己在工作和生活中遇到的问题，互相支持。她经常打电话给我，说她感觉被困住了，因为她明明知道自己应该去做什么，但实际上却要挣扎很久才能完成。她说："我做一个视频的时间，你就能完成7个。我总是要花很长时间才想出要说什么，并克服自我去付诸实施。"但是，她却能把她的家打理得干净整洁，那是我见过的最整洁的屋子。有一天，她对我说："KC，你知道吗？你处理工作的方法，就和我打理自己家的方法一样。做家务时，我几乎像在滑行一样无所不在，清洁、整理，顺手就把家务做了。我在享受做家务的乐趣的同时，就能让我的家保持整洁。这对我来说十分自然，只需花一点点力气。但是当我坐下来工作时，那些待办事项却会让我觉得压力倍增、毫无动力、不知所措，需要付出极大的努力才能完成。"

我的朋友和我都是这种埋头做事的类型，有些事能做得很好，但不知为何在不同方面陷入了困境。我关于"如何高效完成工作"的建议对她没什么参考价值，这些建议差不多就是"喝一大杯咖啡，开干，然后新灵感就会出现"。而她的关于如何打理屋子的建议对我也一样无用——她对我说，她的窍门就是点起香薰蜡烛，想象一下家里整理干净后会多么舒适，然后就能动力满满地着手整理打扫了。

很多人在为别人提供"提高效率"的建议时，都会从他们自己擅长的领域来说教——在这些领域，他们只需要一点推动力或一些提示，就能找到突破口，干劲十足地解决问题。但是对于其他人来说，情况很

家务，随便做做就行了

可能完全不同。我不想给身陷抑郁、焦虑或处于其他特殊情况的你煲一碗"心灵鸡汤"，与"泡杯浓咖啡""点支香薰蜡烛"和"相信你自己能行"这样的建议不同，我想告诉你，你可以根据自己的特殊情况，寻找自己的优势和兴趣所在，重新出发，照顾好你自己和你的家。

4 能力复健：五步整理法

当看到一个凌乱的空间时，很多人都会"卡住"，不知如何下手整理。"万事开头难"，这句俗语在这种情况下特别贴切：家里越乱、精神状况越糟糕，整理清洁工作就越难以开始，就此陷入恶性循环。让我们先整理一下自己的头脑吧：花几分钟时间，对自己说几句富有同情心的话、深呼吸一下。要处理的家务虽然看起来很多，但实际上只有5件事：①垃圾；②碗碟；③脏衣服；④没有放到对应位置的家居用品；⑤无法归类、没有固定位置的东西。经过这样的归纳，接下来你要做的事就很简单了。

第一步：用垃圾袋捡起所有垃圾，把快递盒等大件垃圾叠起来，把它们归置在一处，不用急着把它们拿出去扔掉。

第二步：收集散落在家里各处的餐具，并将它们放到水槽或厨房台子上，不用急着去洗碗。

第三步：拿一个洗衣篮，捡起所有脏衣服和鞋子，把洗衣篮放在垃圾堆旁边，不要急着立刻去洗衣服。

第四步：在房间里选一处开始整理，可以是某个角落或书桌，把你在这里看到的所有物品放回原处（如把毛巾挂回洗手间，把玩具放回玩具箱），而那些没有固定位置的物品则暂时堆在一起（如放进一个杂物箱）。然后去下一个地点，重复上述步骤，直到所有物品都回归原位。

第五步：现在你手头有一堆没有地方摆放、造成杂乱的物品，而周围的空间已经整齐了。你可以考虑扔掉一些杂物，并给那些比较重要的找一个安身之处。

最后，你可以把垃圾拿出去倒入垃圾桶；把脏衣服全部扔进洗衣机；开始清洗脏碗碟——现在，被杂物壅塞的空间又属于你了。当然，如果你觉得疲劳而烦躁，也可以像我一样，把洗碗这事儿留到第二天。

◆ 为什么"五步整理法"能起效

"五步整理法"能帮助大脑准确地知道它要找的是什么，不会因为看到一片杂乱无章的海洋而陷入无助。在这5个简单的步骤中，你看到的只是单个物品，可以忽略除这一类之外的所有东西，这能让你保持正确的方向，不至于分心。

当你的目的清晰时，行动会更快。垃圾、衣物和碗碟都被放进各自的容器，这样你就不用花很多时间在家里走来走去把东西放到不同的地方。当你终于完成一个分类的家务工作后，会觉得颇有成就感。我们的大脑需要看到进展，否则就会气馁。这种简单明了的分类整理方案能使你产生多巴胺。

以上5项工作可以集中在一天完成，也可以分几天来做。你可以今天只清理垃圾，明天只洗碗……你还可以用定时器来辅助设立目标，例如，从将物品分类开始，给自己设定每天做20分钟整理工作的目标。把积压的整理工作分解成较小的"段落"，可以减轻你面对一整套家务时的心理压力。你可能要花上3天时间才能把所有垃圾清理干净，但只要每天坚持，总能看到效果。音乐、电视节目、播客视频、朋友的鼓励……这些让你能觉得轻松快乐的事儿都可以是你的助力。

最后，我们来说说分类优先级。对于有抑郁症状的人来说，注意力障碍和信息加工能力减退会让他们陷入无法给物品分类的困境。在这种情况下，只需遵循最基础的原则：优先整理最可能危害健康、容易生虫的物品。如果你实在不堪重负，我建议你先清理家中的垃圾和碗碟，这些东西被清理后，你会很有成就感。

◆ 处理可捐赠的物品

想象一下，现在我的双手正捧着你的脸，我的眼睛直视着你——听我说：没关系，朋友，扔掉它们。你一直想捐掉的衣服，已经占用你的生活空间好几个月了——直接扔掉它们。你一直打算在二手市场上卖掉的半新不旧的家居用品，已经让你的房间壅塞不堪了——直接扔掉它们。

我不是反对捐赠，我也不是不关心地球，我只是更现实一些：我们都需要一个无障碍的生活环境。我们的目的是让你的房间恢复正常运转。如果，这么久以来，你一直没精力清洗它们、包装它们、给它们标价、挂到网上或送到跳蚤市场，那这件事就是做不成了。

扔——掉——它们。

没关系，真的没关系。

温柔的自我对话：
一团糟的家并不代表什么

请记得，家务在道德上是中性的，即使你的家乱一些，也不代表你是个懒惰或糟糕的人。当你看着水槽里一堆盘子，心想"我真是个失败者"时，这个负面评价可不是来自碗碟。碗碟不会思考，刀叉不会评判，它们是干净还是脏也不会产生什么意义，只有人才会去评判。

事实上，家务的所谓"意义"很可能是别人强加给你的。你不妨花点时间想想，是谁在不知不觉中给你灌输了这种"意义"？你的祖父母、母亲、父亲还是伴侣？我看到有人在社交媒体上写道："我的祖母常对我说：'我们很穷，但我们很干净。'她总是把那间小房子擦得亮堂堂的。"从这些话语中我开始理解，当边缘化群体身陷种族主义、阶级歧视时，对家庭清洁的高标准可能成了他们对抗"懒惰""不聪明""肮脏"等刻板印象、维护自身尊严的一种方式。他们坚持让自己的家干净得发光，孩子的衣服一尘不染，这并不是出于优越感，而是在保护自己不受歧视。

你的家庭或所在群体向你传达的有关家务的那些道德评价，可能还有其他复杂的背景原因，你可能需要时间去思考、追溯它的源头。最后，你可能会发现，这些传达给你的、关于"必须做好家务"的信息从根本上已经过时，对你来说不再有用了，你甚至可以重新定义家里的空间。

当你觉得自己很差劲、充满挫败感时，你可以稍微注意一下，你是用怎样的话语来评价自己的。你可以制订对自己来说最好的家务规划，但如果你在跟不上自己规划的进度时开始自我厌恶，那么再好的规划也不会改变你的生活。

事实上,自我对话不仅影响我们看待世界的方式,也会进一步影响我们的压力水平。

消极的自我对话会让我们更倾向于高估各种事件的压力,制造不必要的焦虑,可能让我们陷入反刍思维中,将过去的压力带到当下。而如果你采用积极的想象或语言模式,会显著减少忧虑和焦虑情绪。当然,无论哪种方式的自我对话,都是我们的正常反应,并没有严格的对错之分,不过,我希望你对自己好一些,不要那么严苛,用温柔的语气和体贴的态度和自己对话。

我们的很多苦恼不是来自那些还没洗的脏衣服,而是来自我们给自己的暗示——懒惰、笨拙。你应该重新学习如何与自己对话,无论你是否有能力把家务都处理好,你都值得被温柔以待。

当你在家务照护工作中取得"成功"时,你也可以回顾一下你是怎么看待自己的。你是否会因为家里干净了、衣服叠好了而感觉良好?问问自己,为什么你的喜乐会被这些事物左右。

拥有一个功能齐全的空间确实能带来愉悦感（在井井有条的房间里，你能更容易地找到需要的东西；你不会被玩具绊倒，每走一步都担心踩到什么；幼儿在整齐而没有杂物的房间里时注意力更集中；你会有空间发展业余爱好），而另一种愉悦感则是达到道德标准的满足（我是个好妈妈；我没有辜负别人的期望；我是一个能把事情安排好的成年人）。这种想法的内在逻辑是：家里干净的时候你是好的，那么不干净的时候你就是坏的。

不是这么回事！当你把家里打扫得干干净净时，你如何看待自己，家中不那么整洁时，你也应该这样看待自己。

好在改变这种牛角尖思维还不难，你只需改变对家务的看法，就可以发现不同的意义。当你看看那堆很久没整理的衣物时，不要满脑子想着"我永远没法把这些衣服都收纳完"，而是对自己说"家里有这么多衣服可以选着穿"。当你看到乱七八糟的厨房时，你可能会责备自己"我真是没条理"，但真实的描述

家务，随便做做就行了

也可以是"我连续3个晚上亲自下厨做饭"。如果家务在道德上是中性的，那么长时间没有梳洗并不代表"我真懒、真邋遢"，而仅仅意味着"我现在过得很艰难"。

让我告诉你，看上去乱糟糟的家意味着什么。它意味着"我还活着，生活在继续"：脏盘子意味着我有好好吃饭；散落的工具意味着我在工作或发展爱好，富有创造力；乱七八糟的玩具意味着我是个有趣的妈妈，让孩子有丰富的玩耍体验；大厅里堆放的快递箱子意味着我考虑周到，订购了我们需要的东西；地板上换下来的衣服意味着我度过了充实的一天。

偶尔的凌乱代表我在抑郁或压力中奋力挣扎，这些不是道德上的缺失——那只很久没洗的咖啡杯也不是。

改变角度，可以试着这样看待家务：

● 家务→照护任务

家务不是一种责任，而是你自我照护的方式之一。

● 打扫→重置空间

打扫是永远做不完的。重置空间则有一个容易抵达的目标——让生活空间重新恢复功能即可。

● 这里太乱了,我很失败→这个空间的功能周期结束了,该重置了。

家从整洁到混乱,意味着它完成了这个周期的使命。

● "够好"只是"凑合"→"够好"就很棒

"够好"听起来有点"退而求其次"的意思,但"够好"意味着你的空间满足需求,追求"好"应该有底线和合理的期望。

阅读捷径:可跳至 7 继续阅读。

6 关注家务的实用功能

我希望你不再被你的家困住,请不要过于深切地热爱你的家。你可能认为热爱自己的家是一件很重要的事,你应该照顾你的房子或公寓,但是,房子其实只是没有生命的建筑材料和油漆,它需要维护,但它不需要太多爱,不值得你牺牲自己的健康去照顾。你才是需要被爱的那一方。我希望你的家、你的房子能让你过得快乐。快改变你的观念吧,要知道,做家务的目的只是保持家的实用功能,而不是履行什么道德义务。

◆ **确定哪些家务是实用的**

做家务可以被分解成3个层级。其中最基础的是这样一条原则:做家务是为了保持你的身体健康和所处空间的安全。我们可以把家务比作一个纸杯蛋糕,要先有蛋糕胚,然后才能往上加奶油。奶油是在健康和实用的基础上增加舒适感的配料,有了这些之后,你可以再加上一颗樱桃——樱桃就是那些让你感觉快乐的生活亮点。

当我们意识到真正重要的是我们自己的安全、舒适和愉悦时,我们就能开始放下他人有关"家应该看起来如何如何"的议论。一个人可以在自己的小窝里非常舒适、快乐,哪怕那个小窝有点凌乱,不像其他人家那样井井有条。

做家务能让一个家变得健康、安全,这是人们都接受的共识,但愉悦和快乐则是因人而异的。

就拿换床单这项家务来说:旧床单上有灰尘、汗水、皮屑,换床单是为了健康卫生,这一点大家都认同;床刚铺好,床单一尘不染,人或宠物都还没弄脏它之前,很多人会感到愉悦;但说到"快乐",可能只有很少一些人情真意切地感觉铺床让他们快乐,大部分人只是觉得这活总得有人去做。

如果我们在思考做家务这件事时,摆脱道德评判,将它的实用性分离出来,那么,家务那种需要不断重复的属性就会变得更容易忍受一些了。"我明天又要做一遍"的想法真的让人精疲力竭、丧失动力。我们大多数人并不会抱怨:"吃饭为什么那么烦?吃完几个小时后就饿了又得吃。"吃饭的重复性不会困扰我们,因为我们知道吃饭是有实际作用的,我们需要给身体补充热量和营养,这样我们才能生活。

你可以试试通过记笔记的方式,帮自己整理一下思路:写下你面临的各种家务,随后将这些家务的实用功能单独列出来。

以打扫地板为例,有些人会从道德角度看待它:"脏地板真让人恶心。地板就应该是干净的。一个成熟可靠的人应该让地板保持干净。"这时,你可千万不要被那些充满价值判断和完美主义的陈述套进去——

"要么挑不出一丝毛病,要么一文不值"的语言模式是有毒的。要满足这样的价值标准,地板必须时时刻刻都是干净的,要花在这事上的精力就无休无止了。

从实用主义的出发点去看待打扫这件事就完全不同了。就我自己而言,我不喜欢有灰尘粘在我的脚底,那很烦人;我也不喜欢有杂物散落在地板上,它们会硌脚或绊倒家人。这两个非常实际的原因让我拾起了扫帚,把地板打扫干净——而不是出于什么"一室不扫何以扫天下"的大道理。

即使这样我也不会每天打扫地板,如果我实在觉得纠结,我会先设定一些比较容易完成的目标,比如"先扫干净从卧室到厨房的走廊,因为我等会儿要走过去,被绊倒或是有什么脏东西粘在脚上就不好了"。

你看,这样一想,家务就不再是衡量你人品的标尺了,相反,它只是通过提升家居环境来让你自己过得更好的一种手段。

让我们用这样的思路去清理厨房吧。带有道德评判的说法是:"勤劳的人总是能保持厨房整洁。"我也曾经不知不觉接受了这样的暗示,如果厨房不是一尘不染,我就会焦虑万分,开始拼命干活,把自己累得够呛。有时候也会发生另一种情况:我被这种"必须马上去清理整个厨房"的想法压倒,束手无策,完全无法行动。这两种情形都让我感觉精神力量被耗尽。但如果我冷静下来问自己,清洁厨房台面的实用功能到底是什么?我会回答:"我需要一个干净的地方准备食物。"那么,我会发现真正需要做的事情就只是清理出台面的一小块地方,能够安全地准备食物。这样一想,我就又有动力了:我不用清理整个厨房,我要做的事只是清理水槽里的脏餐具,再把炉子点起来预热,把垃圾桶倒空。

你看,从实用性出发,真正要做的事情就只有一个短短的、容易完成的列表。只要做很少几件事就能满足目前的需求,我也变得安心。然后我继续尝试——如果我有时间和精力清洁整个厨房,那很好;如果我已经累得不行了,我就干脆毫无愧疚地放手。现在,又可以在厨房里顺利做饭了,我的空间服务于我,而不是以任何其他方式存在于我身边。

◆ "最快"不一定"有用"

如果每次我听到"要随手清洁"或是"用完东西及时收好"这类絮叨和劝告时,我就能得到1元钱的话,我可能早就成了百万富翁,再也不需要亲自动手解决家务难题了。这些絮叨对我从来不起作用。

我很理解人们为什么热衷于给出这样的建议。从字面上看来它们非常有道理,用完东西就把它们立刻收好;脏乱的情况一露出苗头就立刻收拾干净,确实是保持家居整洁的最快速的方法。

但是,以最快的方式做一件事,未必适用于每个人。我曾经花了一整天时间尝试随手清洁,最终我被打败了,精疲力竭,并且对周围每个人发火。我的屋子甚至还没有平时干净整齐!

试图清理每一处脏乱会分散我的注意力,让我感觉疲惫。"随手收拾"意味着我要把注意力不停地聚焦在每一件用过的东西上,留意将它们用完归位,这会使我时时刻刻都很紧张,这种感觉很难让人觉得愉快。

对于正在带孩子的人来说,"随手收拾"是不可能完成的任务——我的孩子搞破坏时动作快如闪电,突发状况总是十万火急!我刚花了10分钟清理干净他们的早餐"现场",我家老大已经以迅雷不及掩耳之势把她的睡衣脱在了厨房还没擦洗的地板上,并且推倒一盒积木,自己还跌上去蹭破了膝盖。就在我又亲又抱安抚好大女儿,并帮她穿好衣服的时候,小女儿开始哭闹着要喝奶,同时还尿了裤子!"清洗早餐餐具""捡起地板上的睡衣并清洗""收拾玩具积木""为孩子处理伤口"……这些事不可能同时完成,而它们发生起来比飞都快,我就算跑着去做,也没办法"随手"做好这些事。

要整理和清洁房间,不是说非得把孩子赶出房间5分钟,或是在他们睡觉前我都不能抽空透口气。我的注意力本来就很容易从一件事情游移到另一件事,我往往一件事情还没完全做好,就又着手去做一件新的事情——这不是什么缺点,我喜欢同时推进几件事,这对我来说很有乐趣。我按照自己的节奏做家务,一天下来,其实家里也不会脏乱得多夸张。所以处理家务的好办法,不是强迫某人必须进入"随手清理"的状态,这种状态显然不适合所有的人。

解决家务问题的思路应该是从成效出发,不要纠结是否符合别人的"规范"。你甚至可以在临睡前统一收拾。这种方式更适合我,甚至让我颇有成就感,就像对其他人来说,"随手清理"是一种有效方法一样。

在一天结束的时候,我常会攒下一大堆脏碗碟,我会花 10 分钟时间在厨房台面上把这些碗碟分类,然后送进洗碗机。大多数人总是会对我的做法表示不解,他们会挠挠头说:"你知道吗?用正确的方式来处理碗碟,会比你刚才那样做得更快。"他们没有错。从理论上来说,将碗碟从水槽里拿出来直接送入洗碗机确实更快,或者,更好的方式是用完碗碟就把它们送进洗碗机。但某些时候,用"对的"方式做事会在实际操作时遇到障碍,原因仅仅是这样的方式让你不愉悦，让你变得拖拉、抗拒，越来越没动力去完成它。

　　对于很多人来说，找到绕开障碍的办法，或是让完成任务的过程变得好受一点，都比"快"更重要。归根结底，你有动力去做，并且享受这个过程，才是最有效的办法，因为这让你行动起来完成了这件事，而不是逃避它。

7 温柔的自我对话：找到你的"同情者"视角

当你无法以实用主义的态度去完成家务，事情就会飞快堆积。你凝视这团混乱越久，挫败感就会越深重，你也就越难重振勇气面对它，然后你会逃避，混乱则继续堆积。当我们卡在这个怪圈中时，常常遭受来自自己的、持续不断的霸凌攻击（"看这里脏的！你就是太懒了！""你怎么能让这里变成这样！""你怎么好意思现在就洗澡，你看看你房间还没收拾好！"）。而我们内心深处那个弱小的自我——通常是被霸凌的那个——会非常痛苦（"为什么别人都能轻易做到？""我到底有什么问题？""我太失败了！"）。

当两种声音同时出现,你已经身陷一种被虐待的关系了,这时需要有人介入,而这个人就是你自己。"等一下,"你可能被搞糊涂了,"有没有搞错,我正在霸凌我自己,然后我又准备介入?"是的,这时候,你应该用第三种声音保护自己。

回忆一下你帮助他人或小动物的经历,你还记得那种温暖的感觉吗?当你帮助他们的时候,是不是又和善又温柔?当时的那个温柔的人就是你自己,充满同情心的你。这个"自我"会同情他人,这个"自我"觉得他人值得被爱,这个"自我"愿意付出爱与善意。你还记得你最近一次被美好事物吸引的感觉吗?也许是孩子蜷曲的头发贴在颈后的样子,也许是你的爱人开怀大笑,也许是你不经意间抬头看到的落日、一朵开放的花、一个让你平静的雨天。

你有着富有同情心的"自我",也有着能发现美的敏锐的"自我",你能带着一双珍视万物的眼睛去看待外部世界。这样的"自我"也可以作为一个"富有同情心的观察者"①,走进你的内在,介入你的痛苦,宽慰你被折磨的内心。

下一次,当你内心的霸凌者开始说话,当弱小的自我开始瑟瑟发抖,你可以召唤那个富有同情心的观察者,对霸凌者说:"快停止吧,你这样根本于事无补。"然后,再转头对那个弱小的自我说:"我知道你很痛苦,我知道你感觉自己一无是处,但你并非如此。你的房间杂乱无章,这并不是一个道德缺陷,你的情绪病了,正在苦苦挣扎,这些都不意味着你不值得被善待。你会好起来的,我就在这里,跟你在一起。"

想想看,如果你的一个朋友身陷挣扎、困扰,你会如何安慰他/她?你也应该那样安慰自己。

我们知道无论家务做得如何,我们都不该受道德评判,家里是否整洁也与我们是不是个好人毫不相干。无论我们的做事能力处在什么水平,我们都值得被善待。现在,是时候来练习将这样的观念内化了,让我

---

① "富有同情心的观察者"这个概念由克里斯廷·内夫博士提出。

们内心的那位同情者主持局面,控制内心的霸凌者,保护弱小的自我。

你脑子里出现的所有想法都源于自身。有时,你会对自己非常愤怒,比如:"我怎么这么没用!"有时,你会产生悲伤的想法,比如:"真希望有人能帮帮我。"我介绍的这种练习可以帮助你进行有针对性的准备,以回应所有负面想法。比如愤怒——不管它是在你脑海中腾起,还是被你写进日记——当你感觉自己正在受这种情绪影响时,你需要转向更友善的情感。

想象你和朋友在一起,当朋友说"我真没用"时,你可能会说:"犯错是非常普通的小事,不值得你这样说自己。"当朋友陷入悲伤,你可能会为了宽慰他/她,这样说:"你感觉孤独,我也很难过。如果想哭就哭出来吧,没关系。"你知道,其实你也可以对自己这么说,就算你并不真正相信这些安慰,这样的练习都能帮助你减轻那种压倒性的痛苦。

阅读捷径:可跳至 ⑩ 继续阅读。

8 有序不一定等于整洁

当我们从实用功能的角度看待家务时，打扫整理就变得容易一点了。一旦他意识到整理并不一定非要做到整洁，新世界的大门就打开了！整理是为了让家里的每件东西都有空间发挥作用，并且让家进入一种有序的状态，发挥应有的功能，让生活继续下去，而不是为了别人眼中的美观。

人们总是用"整洁"或是"凌乱"来描述东西有多快回归原位。但有些人周围就是乱乱的，可能因为他们没有进行整理，或他们没有足够的收纳空间，也可能他们没办法为东西找到固定的位置。尽管如此，我们仍然可以既混乱又有序。

在我家里，几乎所有东西都有一个对应位置，但是我可能有注意缺陷多动障碍①，加上家里有两个小孩，这意味着我没办法很快把所有东西归位。作为替代方案，我摸索出了自己的方法，比如"收尾动作"和"五步整理法"，这些方法能帮我从一片混乱中腾出空间，重启我的一天。

我的工作台几乎没有整洁的时候，但我用起来得心应手——这和桌面被堆满，以至于不能使用的那种"凌乱"是有所区别的。而且，桌面满满当当，通常意味着你思维活跃，正全身心投入工作状态。当然，无论"凌乱但实用"还是"整洁但不实用"，都不应该和道德评判挂钩，对于一张工作台来说，什么是"有用"、如何正确地使用，你的感受应该是唯一的衡量标准。

---

① 注意缺陷多动障碍（ADHD）被认为是一种神经发育障碍。在儿童身上通常表现出注意力不集中、冲动和过度活跃等症状，其神经生理学差异会持续到成年期。成人症状包括注意力难以集中、完成任务困难（执行功能受损）、情绪波动等。

为什么我们觉得布置、整理房间是一件很难的事？原因之一就是，我们错误地认为，有序的空间一定是一个审美愉悦的空间。你可能花了很多时间去把东西布置成网上流行的简洁风格，却发现这样的空间对你来说一点都不实用。而且，如果你想一直保持空间的美观，还得额外做很多事。

我曾经从一本家居杂志上看到一个收纳的点子，当时我觉得这点子真不错。于是我去买了很多透明鞋盒，把每双鞋都装进盒子里。我非常满意："这样我有哪些鞋子就可以一览无余了，而且它们看起来好整齐。"但事实上，透明鞋盒使用起来却不怎么美好：我费尽力气把所有鞋都装进独立的鞋盒，但当我需要穿其中某双时，往往得把它从一堆鞋盒里抽出来，事后还得整理鞋盒。这个过程让我崩溃，完全抵消了它看上去整齐的好处。最后，那堆透明鞋盒我只留下了一个，用来装我仅有的一双昂贵高跟鞋，其他鞋子都被我一起丢进了一只大篮筐。

没有人能把餐桌转盘上杂七杂八的维生素、清洁喷雾、盐、笔筒拍成好看的网红风照片,但这并不意味着它们是被乱放的,如果你为了方便取用特意把它们放在这个位置,那它们就是有序的。

结论:凌乱并不意味着道德失格,而整洁仅仅是一种偏好,整齐有序是一种实用主义的要求,"有用"对你来说才是更重要的。当你把"好看"这种诉求抛诸脑后,再去审视你的整理策略,看看它们是不是有所改变?

妙用篮和筐

大小篮子柳条筐,
超市的赠品篮也算上,
可以装鞋,可以装书,
角落和空地到处放。
这是我的小妙招:
只要用上大篮子,
衣物堆在饭厅也没事。
哪里有篮子,哪里变整洁。
无法归置的物品丢进去,
杂乱的压力瞬间消失!
篮子的"亲戚"也能帮忙:
托盘和餐桌转盘都很棒。
篮和筐,整理哪里就放上,
眼不见为净,屋子变清爽!

家务，随便做做就行了

9 患抑郁症的"苏西"

我们知道,两个人可能会经历同样的事情,受到的影响却大相径庭。同样的失调或障碍并不会以同样的方式出现在不同人身上。有的人即使得了癌症,也能拍电影,有的人却只能待在家里,连吃饭都要努力振作一番。这种对比并不能说明谁更努力,或谁是更好的人,这仅仅是因为个体差异。这种个体差异是由生理、心理和环境共同塑造的。

比如,某个"苏西"女士有6个孩子,还患有抑郁症,她仍能把自己的家打理得完美无瑕,而你不行——这并不能说明"苏西"是比你更好的人。"苏西"女士为了维持家的整洁而辛苦劳作,她的确值得骄傲;而你为了做好一顿饭辛苦了一天,你也不该有一点愧疚感。你有你自己的困难,你和"苏西"不一样。

你现在有两个选择:要么是努力成为"苏西",尝试去达到她做事的标准,然后承受自怨自艾的痛苦和精力耗尽的感觉;要么忘掉她,在自己的能力范围内做事,保持快乐和满足。

无论你做什么选择,都与"苏西"的生活没有一丁点关系。你要记住的是,当你将自己的生活同他人比较,你需要确认"像他们一样"是不是真的值得,真的能让你快乐。其实,也有人向往你的生活,将自己与你对比,我们每个人都是他人的"苏西"。

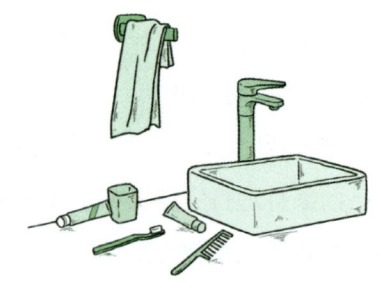

10 能力复健：激活动力

我买过一辆健身单车。

"好吧，你真的会用它吗？"迈克尔友善地、但带着一种"我早知道"的语气对我说。

于是我跟他描述了一番运动的好处，以及运动之后身体的奖赏机制（血清素含量上升、产生的多巴胺有助于情绪调节与思想集中）。然后我继续说，如果我们在家里就能很方便地运动，就更容易坚持下去并从中获益。迈克尔最终不情不愿地同意，买健身单车听起来是个好主意。事实上，这也是我生平第一次、实实在在地坚持锻炼超过一周。

我劲头十足地开始了运动。第一个月,我每周的锻炼时间是以往的好几倍。我每天早上一起床,就会先骑上45分钟。这一次,我的健身计划进行得好像真的跟以往大不一样了!

听起来很熟悉对不对?你可能已经猜到了之后的发展。在之后的两个月里,我只用了一次健身单车,倒是迈克尔爱上了它,并且有规律地坚持运动。

孩子们在秋季学期返回幼儿园后,我告诉自己,我要重新拾起健身计划,从每天骑5分钟开始——付诸行动!让"球"滚起来!

第一天,当我把孩子送到学校后,我没有去进行那个"5分钟"的早锻炼。就和以前一样,我通过负罪感建立起来的动力和动机,在第一波行动之后很快就消沉下去了。"你又半途而废了,KC,就像上次一样,你别再骗自己了。"几乎每一次,我这样告诫自己,同时生出一些斗志想重回正轨,最后都会以失败告终。我从未成功掌控我的初始动力。一次次放弃,让我一看到相关的东西就感到羞愧。

几乎每个人都有这样的想法：万事开头难，刚开始运动总归是痛苦的，但只要忍下来，就能进入一种有规律的节奏。相信读到这里的朋友也这么认为吧？不仅运动如此，还有很多事情也是这样。首先下决心开始，再坚韧地建立习惯——无论是写日记、冥想还是保持家居干净——这部分的故事大同小异，但是大家看起来都很不开心。

　大多数人可能会觉得解决问题的方式是：既然第一天没有锻炼，那么第二天就锻炼得久一点进行弥补。但我不一样。我对自己说："虽然我确实想要骑车健身，但我昨天连5分钟都没有骑到。这说明'5分钟'这个目标有点高了，如果把目标设定为3分钟，我也许就能做到了？"

　于是，我继续实施骑车健身计划，但将目标改成了3分钟，之后又改成2分钟。有一天，我出乎自己意料地骑满了5分钟，然后额外又骑了5分钟！接下去的一段时间，我们全家人的肠胃都出了问题，我不得不停了一周的运动。但我知道，只需要短短3分钟的运动,我就能为自己建造起一条"匝道"——要求较低的启动计划就像高速公路的匝道一样把我引入运动的轨道中。

我也可以通过增加运动频次的方式重新进入节奏。在某个需要持之以恒的长期任务中,会发生很多事,可能破坏你的计划。但有一点我非常确定,只要停止用自责的态度内耗,我就可以坚持下去,随时进入正轨。不要有愧疚感,就算没能坚持长期运动,但我仍然能时不时在3分钟的短时运动里获得一点身心增益。

◆ 启动困难问题

关于做家务的困境,我听到最多的一句话是这样的:"我很想把事情都做完,但就是没有动力让自己开始。"

看来,如何找到初始动力真是个大问题,请你认真地想一想:你真正缺乏的是不是"一个开始做某事的理由"?"动机"指完成一件事的愿望或驱动力,也意味着一种认可——你从内心深处认为这件事值得去做。如果你并不觉得洗衣服有什么意义，或是你正处于很糟糕的状态中，觉得自己不配穿干净衣服，那么这就是你无法行动的症结：你正在纠结于寻求动机。

如果是另一种情况：你想要干净的衣服，你觉得穿上干净衣服后，自己的状态会变得好一点儿，所以你想去洗衣服，但是你盯着这堆脏衣服几个钟头，却无法让自己真正动起来——这种情况下，你不是缺乏动机，而是任务启动困难。

如果你被临床诊断为注意缺陷多动障碍、孤独症、创伤后应激障碍、抑郁症（或其他症候），你可能会很熟悉这种失去行动力的情况。这些症候中非常明显的症状之一就是执行功能障碍，"任务启动困难"是其中一种。如果你遭遇过精神创伤、过度悲伤，处于长期压力之下或睡眠剥夺状态——其中任何一种情形，都会影响你的执行功能，让你出现无法真正动手完成工作的状况。

深呼吸，你并不是懒，你只是需要帮助，你需要

家务,随便做做就行了

有人来帮你绕开这些障碍。

"任务启动困难"经常会表现为无法从一种行为状态转换到其他行为。比如,我正窝在椅子里,而盘子应该洗了,但我就是无法从椅子上起身,从"坐"到"行动"中间像是有一道鸿沟,我无法站起来去洗盘子,无法改变现有状态。这时候,我真正需要的是找到一种方式,创造助推力,就像我骑车健身时那样。我需要创造一个走向任务的契机或"匝道"。

◆ 小窍门助你"启动"自己
● 用音乐让自己动起来

打破现有状态的方法之一是用音乐来激发自己。从坐着不动到动起来、站起来、跟着音乐跳舞,这就是一个巨大的状态转换。你可以慢慢来,先从坐着不动到跟着节拍扭动脚趾,这就是一个小小的成功。从过渡动作开始,你能够伸开腿,跟着音乐举起胳膊,也是一个小小的进展。继而你在椅子上开始摆动身体,这又意味着一个小小的进展。现在你已经动起来了,那就试试站起来！一旦站起来、动起来，那么距离走向水槽就不远了！你所需要的推动力正是来自这样的过程，我们知道，"联通的神经元总是一起被激活"，当我们的身体动起来，我们的大脑就会连带着被激活。如果你每天都跟着一首快乐的歌曲，和宝宝、宠物，或是你视频电话上的一个朋友一起唱唱跳跳，一周之后，这首歌就会成为一种推动力。当你准备叠衣服或洗碗时，试着放出这首歌，你的大脑会在做事的同时产生愉悦感。

● 何时开始、如何结束，由你说了算

"我要洗掉那些盘子，立刻、马上！""我今天一定要逼自己洗个澡。"在你难以驱动自己的时候，你一定这么对自己说过。

让我们试试转换视角，与其逼迫自己去完成一项任务，或是强迫自己立刻开始，不如给自己一点空间，允许自己一点点完成。比如，把"我必须马上洗掉那堆盘子"改为"我准备去洗一只碗，等会儿能用就行"，这时候你会觉得自己"启动"了，能够真正去开始做这件事了。

当你瘫倒在沙发里的时候,想唤起100%的干劲去完成所有任务,只会让你觉得"压力山大"。但如果你只打算唤起5%的干劲去完成5%的工作,或许行得通。也许你连5%的干劲也拿不出来,那也没什么,去做任何你觉得可以做到的事情,你说了算。

● 朝着目标动起来

不要再对自己说"我必须完成这个"或"我必须要开始了",对自己说"只要动起来,慢慢靠近目标就好"。

你想让厨房焕然一新,但眼看着自己快干坐一整晚了,那么不妨把一个任务分解成一些容易完成的动作,比如只要先站起来走到厨房就好。

什么都不做、随便做件其他事、坐在水槽边、靠在料理台边看会儿手机……即使这些看起来没意义的替代动作,也能帮助你创造足够的推动力,直到你最终拿起一只碗。

● 利用等待时间

在你的生活中,有没有什么你愿意做的事是需要一段时间等待才能完成的?如烧一壶水,等水烧开;烘焙饼干,等它烤熟……下次你要做家务时,可以先开始一项你喜欢的工作,然后利用等待时间去完成其他的事。当你知道某件事有时限,就会降低启动的难度。我最喜欢的办法是在晚饭时间给自己放个假,去订一份外卖,在等待外卖来的时间里,把要做的其他事情做完。我想到做完手头的工作时,晚饭也就到了,会让我感觉更有动力。

● 绑定背景音

有时,人们想逃避某项工作是因为觉得厌烦,那就选择一些你喜欢做的事来带动不喜欢的事。比如在开始做家务前,打开一部电视剧、播客、有声书,诸如此类。在做其他事时,比如洗澡时,也可以试试同时听播客或有声书,感觉会非常不一样。

● 有人陪伴,动力加倍

你是否发现,如果有个朋友和你在一起,你会觉得事情做起来更容易些?即使他们并没有帮忙,只要有个人在那里,情况就会有所改善。你可以邀请一个朋友,在你做家务的时间过来,或是仅仅在手机上保持通话状态,你可以一边跟她聊天一边干活。

● 使用计时器

可视化计时器是我爱用的工具之一,它在很多地方都非常好用!有时候,我会觉得某件家务活看起来很烦心,大脑告诉我这要花很长时间才能完成,于是我会一直拖延。比如,清理卧室这样的家务让我觉得工作量巨大,我被畏惧感压倒,根本无法开始。

在这些时刻,计时器就很有用,我会设定一个很短的时限,通常是5~15分钟的闹铃提醒,这让我觉得可以消化这件事。这种计时器会用醒目的颜色变化来帮助你了解还剩多少时间。对我来说,它比常规钟表更好用。

在计时器的帮助下,你会意识到,把碗从洗碗机里拿出来,其实只需要几分钟;清理卧室这种不愉快的工作也不用花很长时间——无论你有没有把卧室完全打扫干净,15分钟之后,你就可以停止这个活计了。可视化计时器对于那些丧失时间感的人来说比较直观。设定的闹铃能让你看到剩余时间进度,而不是一些数字。可视化计时器对于正在学习时间管理的儿童也很有用。如果"滴答滴答"的读秒让你觉得心烦,在购买的时候你可以注意一下它是否有关闭声音的功能。

现在你开始感觉能动起来了吧?非常好!请继续保持。当然,如果你想要停止,随时都可以停。

解构家务的重复性

当我刚成为全职妈妈的时候,我想要把整个家打理到完美无瑕,确保家人总能拿到干净衣服,绝不让脏衣服堆在那里碍眼。但现在,我想对你说,家里有成堆的脏衣服绝不是你的问题。如果你家的洗衣篮从来没空过,完全没关系!真正重要的是,当家人需要换衣服的时候,有干净衣服可穿。如果你的洗衣安排让家人有干净衣服可替换,那已足够了;如果你想更高效一点,当然更好,但要记住,"升级"你的洗衣安排只是为了让它更好用,而不是为了提升你的"价值"。你的价值不是用洗衣服效率衡量的。

◆ 没必要每次把所有家务做完

"这屋子的主人怕不是有囤物癖吧,乱成这个样子……"

在一条我分享自己如何收拾清理房间的视频下面,我看到这样一条评论。每次想到这条评论,我都觉得很有意思。为什么人们总是觉得"家"只有泾渭分明的两种状态——"干净的家"和"肮脏的家"?难道它们之间没有灰色地带吗?

你并没有某种道德上的义务,让每件家务丝毫不乱地循环列队,同时还确保它们总是保持"完成"的状态。我家的状况是这样的:厨房中的料理台堆满了东西,但起居室地板一尘不染;洗好的衣服3天了都没收纳好,但孩子们的游戏室干净整洁。当然,我还是会去清理厨房的料理台,但到那时游戏室可能又积了一层灰,起居室地板也不再干净了——今天等我把洗好的衣服收拾出来的时候,孩子也差不多该从学校回来了,他们可能会直奔游戏室,将那里搞得一团糟。让家中每个角落同时保持整洁是不可能完成的任务。

如果总是要把家里保持得像一套样板房,这会让我精疲力竭,也会让我完全没时间做别的事——我还想带孩子们去购置万圣节服装,跟朋友通电话聊聊天,我也需要时间来写这本书。

◆ 明天又会乱成一团,为什么今天还要收拾?

当我们努力整理房子的时候,现实真的会击垮我们,我们会意识到:"这样收拾有什么意义呢?这里明天又会乱七八糟。"我认为这种令人丧气的想法正源于我们对家务的极端态度:家里如果没有像五星级酒店那样完美,就等于啥都没做。但让家中所有角落都保持在完美状态根本没意义,让家能正常发挥功能才是有意义的。如果说明天这屋子又会变得和今天一样乱,那是因为今天收拾过了。要是今天没收拾,明天的混乱程度就会更严重,导致屋子没办法使用——厨房瘫痪、卫生间插不进脚……到那个阶段,整个家都需要彻底整理"重置"了。我整理房间,并不是因为凌乱是什么坏事,而是因为某个房间再不恢复原来的状态就会失去应有的功能。今天的收拾整理是为了下一个24小时,为了让生活空间能够继续为我们服务。

阅读捷径:可跳至 13 继续阅读。

12 能力复健：设置实用优先级

不管我们多么想按照"只恢复家的实用功能"这一点来安排家务，现实却复杂得多：在生活的某些阶段，家务会远比我们能承受的更多。工作、人际关系、家务、兴趣爱好……对于为人父母者来说，还要加上养育子女——所有这些事都在争夺我们的时间和精力。即使我们心里明白，把每件事都做到完美是不可能的，但大多数人还是会对家务应该做到什么程度游移不定，顽固的负罪感会萦绕心头，让他们倍感煎熬。

当时间与精力有限时，如何确定事情的优先级，是一件非常困难的事。我在此介绍一个有用的办法，可以帮你判定哪些事是紧要的，哪些事可以缓缓：规划一个九宫格。先写下一件你生活中最重要的事，比如读书上学、社会活动、养育子女等（由于我自己的特殊情况，我选的中心任务是"照顾自己"），然后把你能想到和这一中心任务有关的重要事项列出来。

以我自己为例。首先，由于身体健康与心理健康状态的相关性最高，我给自己列出了按时吃药、按时沐浴，以及洗净碗碟这些事务。其次，我列出与健康相关度中等的事项（休息、社交、运动）。最后列出那些影响比较小的事务（提前备好第二天要穿的套装、叠衣服、清洁地板等）。

你可以按照你的需要，尽可能多地列出事项，然后，把它们分别归入"较低影响、中等影响、较高影响"的分类。将你选出来的事务填入九宫格相应的区块。填完表格，你就可以据此决定你的时间和精力要聚焦在哪些事情上。

如果你还是觉得所有事情都很重要，想要完成同一格中的所有事情（那会让你筋疲力尽），你可以进一步通过颜色来标记每件事给你的压力感。如黑色格子是那些让你感觉焦虑的事情，你可以适当降低这些事的优先级，不要有负罪感。深蓝则意味着压力较大或完成周期较长的事情，你也可以降低它们的优先级。最后，你只需关注那些浅蓝色方格中填入的事情。

我个人会把"准备明天要穿的套装"的优先级放在"做运动"之上，这看起来很奇怪，但我们确定优先级的原则是，先去做那些花费很少精力就可以做得很好的事情，慢慢推动我们的生活正常前进。

九宫格工具不是为了告诉你如何做得更多、更好，而是允许你毫无歉疚感地对一些事放手。如果你觉得这个办法有用，可以找一个好友或心理诊疗师帮你一起决定各种事情处于何种优先级，然后提醒你照此施行。当你用这个方法去安排家务时，看到地板脏了，你就不用对自己说"这里我又没顾上，我真差劲"了，而是理直气壮地想"地板的优先级还不高，我要先做更重要的事"。

再拿养育子女来说。在我们疲于应付孩子的各种突发状况的情况下,我们不会因为买的食物不是用环境友好的方式种植的而发愁,此时,"保护环境"是一个优先级不高的问题。当我们处于某个艰难时期(比如在新冠疫情期间,你不得不和两个幼儿同处一室几个月),那么限制屏幕使用时间、去户外玩多久、是不是一定不能玩电子游戏等问题的优先级就可以下降一些。我不是说这些事不重要,只是你要承认自己能力有限,比起大吼大叫去管束孩子,帮助他们理解情感、身体的感受,跟他们一起阅读……这些事情的优先级更高、更重要,对孩子的影响更长远。

记住,如果你没办法完成所有的事,那么就只做优先级最高的,放弃优先级低的不要抱有愧疚。

13 女性与家务

这本书写给每一个被身体痛苦和家务困扰的人，不论男女。但不可否认的是：在现在的社会环境下，人们似乎仍然把做家务当作女性的义务。

职业女性虽然已经很普遍了，身为女儿、妻子、母亲的她们同样有追求个人野心、事业和平等关系的权利，但当她们回到家中后，做家务的责任往往仍然落在她们身上。

这种情形让很多女性不堪重负，一边是职场工作，一边是家庭生活（甚至在恋爱关系中也是如此），压在她们肩头的看不见的家务"职责"无休无止。

尽管也有男性被家务困扰,但他们很少像女性一样,受到来自社会的指指点点,很少有人认为如果男人做不好家务,他们就不配被爱,或者是个没用的人。

这种痛苦如此沉重,会直接影响女性的精神健康。这种痛苦本不该存在。无论你是哪个性别,都应该反思一下女性与家务之间的关联信息;反思一下你自己与这些家务的关系如何。对你的性别而言,家务给你带来的情感关联是正面的还是负面的?

14 能力复健：洗衣

◆ 洗衣而已，谈何失败

生下第二个孩子后，忙碌的生活和我抑郁的状态，让洗衣服这件事变得有点困难。迈克尔忙于工作无法帮忙时，我家的洗衣流程就变成这样：

① 在家里每个房间放一个洗衣篮；

② 把所有的脏衣服收集起来放进洗衣机；

③ 当我想起衣服还没洗时，已经过了 8 小时，衣服已经有点臭了；

④ 启动洗衣机洗衣服；

⑤ 把洗好的衣服放进烘干机；

⑥ 一整天过去了,才想起来衣服没有挂起来,发现它们全都皱成了一团;

⑦ 把衣服从烘干机里拿出来,放在洗衣房地板上;

⑧ 忙于其他家务,衣服被留在洗衣房一周甚至更长时间;

⑨ 看着镜子里的自己,提醒自己,我只是不擅长洗衣服,并不是有什么道德问题,这样其实也没什么关系。

在我的小宝宝7个月大以前,我没有收叠过一件衣物。在那7个月里,我们全家都靠着铺满洗衣房地板的一大堆衣服过活。小婴儿在哭叫,大一点的那个孩子一边满地爬,一边发脾气,我不能让她们离开我的视线,所以只能在照顾孩子的间隙把脏衣服放进洗衣机,洗干净后再放进烘干机,最后堆在一起。

但如果某天事情特别顺利——孩子没有哭闹,上床时很乖,我竟然在睡觉前还有一点时间可以去叠几件衣服,那我要不要去叠呢?在这7个月里,如果我每次看到地板上的那堆衣服,都忍不住对自己说:"你可真是糟糕！"那我即使有时间，也没有一丁点动力去叠衣服。

如果衣服堆积成山代表着失败，对于需要照顾新生儿、与精力旺盛的小朋友缠斗不休，并保证全家什么都不缺的我来说，我的大脑——绝望地要避免痛苦，抓住丁点儿快乐——绝不会开绿灯，放我去接近另一桩痛苦的体验，花30分钟去折叠收纳那一堆象征失败的衣服。

但那不是你失败的象征，那就是衣服而已，让洗衣服这类家务远离道德评判，才能真正帮助我们完成它。

◆ 我的家务我做主：洗衣服与道德无关

是我对自己宽容、同情的态度，帮我度过了那绝地求生般的几个月。这种心态也为我应对其他生活的冲击打下了基础。当时，我因无法把周围收拾得井井有条而烦恼，但我真的没法抽出哪怕几分钟去叠衣服。直到有一天，我拎着一件婴儿连体衣，盯着它，问了自己一个问题："为什么我要叠婴儿连体衣？"

我无法回答这个问题。这种衣服不会皱,而且就算它们会皱,也根本没人会注意一个婴儿的衣服是不是皱的。从起床开始,还没到午饭时间,我可能已经给小宝宝换了4次衣服了:婴儿会吐奶、尿尿、在地上爬……每件衣服都穿不了多久。我震惊地发现:"连体衣……根本就不需要叠。"

我大声说出这句话,感觉精神一振,因为我发现了真正的"洗衣规则"。这是我第一次不再问自己,洗衣收纳应该做到什么程度,而是开始思考"怎样做,洗衣服这件事才是真正对我有用的"。

我坐在地板上,环顾着地上的一堆衣服:绒睡衣、运动裤、内衣、健身短裤……"它们几乎都不用叠起来……"我喃喃自语。如果有洗衣之神,那么在这一刻,大概会生气到要灭了我吧。

我走过这堆衣服,从里面挑出几件真正需要叠起来的衣物:上班要穿的衬衫,还有几件我特别喜欢的衣服。我花了1分钟把它们挂起来,剩下的衣服则按归属分成4堆,让它们原样放在那里。

老天啊,除了洗衣,还有哪些家务规则其实不合理,而我们却一直为之劳心劳力?

◆ 重新思考洗衣规则

在处理家务时,我们默认要遵守很多规则。其实,你再想一想,这些规则难道真的必须照做吗?

● 洗衣篮必须要放在卧室里?

洗衣篮哪里都可以放。它们可以被安置在任何房间,厨房和客厅也不例外。

● 洗衣篮满了就要第一时间去洗?

你可以在任何你认为合适的日子洗衣服,并且在这天一次洗完所有衣服。确定一个"洗衣日",这会让你更容易记得洗衣服这件事。

● 深色衣服和浅色衣服要分开洗?

所有衣服都可以放在一起洗,不用分开,记得用冷水洗就行。

● 洗完就要马上烘干?

洗衣机开始转了就设一个闹钟,烘干机开始运转了，再设一个闹钟。

● 衣服必须要叠好再放进抽屉？

用一些整理箱或整理篮装干净衣服，不用叠。只有衬衫需要挂起来。

● 要把家人的衣服放进各个房间的衣柜？

可以把所有衣服都放在一个地点，最好离洗衣机近一些。全家人要穿什么衣服都要我准备，我还要把衣服送到不同房间，这也太不合理了。如果衣服放在同一个地方，做家务的人根本不需要跑来跑去，只要在烘干后花几分钟就能收拾完。

◆ 洗衣是为了服务于我

我们不需要按照别人的方法来做家务，我们可以找到适合自己的方法。先来问问自己，怎么做才对自己最方便。

● 关于洗衣，你原来是怎么想的？觉得洗衣并收拾整齐是良好品德的表现？这件事必须一丝不苟地完成，你才是一个合格的成年人？让我们摆脱这些想法，我们就会看到"洗衣"这件事的另一个可能性：它只是为生活服务的家务之一。

● 是不是所有的衣服都需要叠？内衣、婴儿连体衣、运动短裤及睡衣，无论是塞在抽屉里还是放在干净的篮筐里，都不会皱。你把那些容易皱的衣服挂起来后，其他的就让它们愉快地待在篮子或整理箱里吧，取用起来方便得很。

● 是不是所有的衣服都需要收纳？谁这么规定的？如果把衣服留在洗衣房或篮子里，对你来说很方便，那就没有理由增加自己的劳动量。非要把衣服放进抽屉里并没有意义。

● 是一次洗大量的衣服，还是每天只洗一小部分日常更换的必备衣物？这完全取决于你的需求。

● 在洗衣与烘干之前分拣衣物，你是会心烦还是更愉快？按你觉得顺手的方式做就行。

● 你愿意少买一些衣服以便少洗一些衣服吗？你愿意买一些材质不易皱的衣服吗？这样即使把衣服忘在烘干机里也不用太担心。

● 如果经济上能承受，你会把这些家务活全都外包吗？这样你就可以去做自己更想做的事了。可以考虑每周或双周请人来家里，把洗衣或其他家务工作都做掉。你如果非常累，或许可以考虑把所有衣服都带到自助洗衣店，用那里的洗衣和叠衣服务来解决你的问题。

◆ 重启洗衣"工程"

你可能已经读过来自世界各地的五花八门的家务窍门了，但都没啥用，你一看到家里堆积如山的换洗衣服，就已经觉得自己一败涂地了。你可能觉得你永远找不到一种方法，让自己在这件事上游刃有余。如果你的预算允许，能把衣服全都送出去洗、熨烫、整理，那就去做吧，一下子解决了很多问题。

很多家务书会建议你马上动手精简衣橱以减少家务工作量，但既然从衣橱里将衣服拿进拿出、分类整理、选择去留……这一系列任务本身的工作量就很大，你一想到这个画面就觉得窒息，那么"精简衣橱"就不是一个好起点。不过,你倒是可以假想你在精简衣橱,这样你既能预想到"断舍离"的好处,又不必真正面对整理衣橱的那种纠结。最简易的衣橱"断舍离"是选出一个星期内需要的换洗衣服,然后把其他衣服都打包放进收纳箱,等你有时间的时候再去处理。每周选一天来洗衣服,如果你觉得还有余力,就把床单、毛巾之类一起洗了。

这样一个只为一周时间服务的小衣橱,更容易管理、维护。衣服不再到处都是,你的房间能恢复更多可用空间,你也会感觉好得多。

◆ 不干不净,不要紧

很多人可能会有这样的困扰——如果衣服穿过一会儿,还没有脏到直接丢进洗衣篮的程度,该怎么收纳呢?

像这样的衣服通常会被搭在某张椅子上——如果把衣服放在椅子上,对你来说没问题,你就没理由去改变这种习惯。我们所有的家务策略讨论都基于"实用",如果你家有空间——也许是椅子,也许是篮子——能暂存这些"不太脏,也不太干净"的衣服,只要这件事没有让你心烦,那就完全不是问题。

在我家,如果一件T恤只穿了一会儿,我甚至会把它放回干净衣服中。很惊人,对吧?我家的衣服要么在洗衣篮里,要么在衣橱里,这样简化了我的生活。

你过完一天后,真正重要的事情不在于是否通过搏斗战胜了那一大堆脏衣服,而是温柔地对待自己,并且跟自己进行一场友善的内心对话。如果你还是做不到,那也没关系,只要能对自己少一点歉疚,多一点愉悦,在我看来那就是一场胜利。

15 抑郁的你，不用去拯救热带雨林

如果你在家居整理过程中纠结自己是否足够环保，垃圾分类是否符合可回收标准，你实际上是在这样两种局面中做选择：要么为了整理可回收的硬纸箱而耗尽气力；要么直接将硬纸箱丢掉，腾出家里的地方，让生活朝前走。

不管你作出哪种选择，保护地球环境都不是一天两天能完成的事。如果你得投入大量时间来整理纸板、塑料瓶、废纸或其他塑料制品，那你还不如给做垃圾回收的专业人士一个机会，他们比你更擅长将这些东西整理好，并按照环保标准归类。

你可能会因为自己的生活方式不够低碳、不够环保而感到愧疚——没有坚持素食、买了快消时装(快消时尚产业会造成另一些人生计艰难)。愧疚感并不能使你奇迹般地获得某种能力,帮你搞定原本做不到的事情。这是一种可怕的、长期存在的压力,它会让你功能失调,身陷恶性循环。

◆ 没有人永远只做好事

我梳理了一下我能做的那些好事,将它们分为两类——不管是环保、社会公共事务,还是其他利他主义的行为。第一类包括一些准则,它们是我做人的信条,在生活中的任何时候、任何方面,我都遵循这些准则,同时我也希望他人以这样的准则对待我。其中包括确保自己的行为没有种族歧视、性别歧视、阶级偏见、残疾歧视等,我永远不会虐待他人、利用他人,我希望自己一直诚信、正直。

第二类包括其他一些道德上正确的事,但不用绝对遵循,只有当我有余力的时候才会参与。如支持本地小商户、为贫困者捐赠、去做志愿者、环保回收、避免消费快消产品、减少浪费、消费时考虑企业道德等。在这类行为中,我只需要为自己负责,量力而行。

没有人能永远只做好事,如果你这样要求自己,就会将自己置于一种充满压迫感的完美主义中。没有人能在这样的压力下生活。不完美,才是生活的常态。

16 别管那些塑料球

青少年文学作家珍妮弗·林恩·巴恩斯说起,有一次她和另一位作家诺拉·罗伯茨参加活动,有人问诺拉,她是怎么做到一边照顾孩子一边写作的。她说:"应对的关键在于,你要知道那些被抛到空中的球,哪些是塑料的,哪些是玻璃的。"

当你在一大堆工作中挣扎时,确认哪些事是"玻璃球"至关重要。照顾孩子和宠物、按时服药、为自己的心理健康预约医生……这些都是你的"玻璃球",如果你放任这些玻璃球落地,可能引发灾难性后果,导致你进一步陷入混乱。废物回收、健康素食、线下购物，以及避免购买快消时尚产品等与生活态度有关的事，都是"塑料球"。它们确实很重要，但它们不像玻璃球那样，一旦放手就会让生活支离破碎。

塑料球即使落在地板上，仍会完好无损，你可以在自己状态变好的时候，再把它们捡起来。玻璃球可不行。如果你无法面面俱到，那么区分哪些事情是必须做的，并排出优先级就非常重要了。把事情分类，将不那么重要的事情放在一边，等你有空再做。

如果你某个时期压力很大，不能同时兼顾清理猫砂盆和分类回收这两件事，那么你最好放弃去做旧物分类回收，把你的精力放在更必要、更常规的事务上。一段时间不做旧物分类回收，不会对世界运转造成什么极端影响，但是你不去照料孩子和猫，这将对你的生活造成巨大影响。

◆ 我的预制牙刷

在我抑郁的时期，我发现驱动自己去刷牙都成了一件困难的事。我在学生时代和全职工作期间，刷牙从来不是个问题，对于大多数人来说也是如此。你每天早晨站在盥洗台边，很快就能完成这个"仪式"，做好出门的准备。你不想让任何人觉得你口气难闻，所以觉得完成这件事也理所应当。

但我生下大女儿后，我开始每天为是否刷牙而纠结。不仅因为我确实哪里都不用去，而且我每天早晨"醒来、洗漱、准备出门"的仪式感也已经被"被宝宝的哭叫吵醒，然后飞奔过去喂奶"所取代。睡眠不足、无暇外出……我的全部注意力都聚焦在刚出生的宝宝身上，小婴儿已经成为我生活中压倒一切的存在了，以至于刷牙在我的生活节奏中，变成一件费时费力、难以完成的任务。

我的二女儿出生时，正值新冠疫情，大家大多数时间都不外出，刷牙这个问题再次出现。我原本有注意缺陷多动障碍，加上产后抑郁，刷牙很快就从"被忽视的仪式"变成了"不可能完成的任务"。

我经过18个月的"自我对话"疗愈后，情况渐渐好转，生活中的很多日常事务都不再那么难以维持了,我终于开始诚实地面对我的刷牙问题。我订购了一盒144支装的预制牙刷(已经附着清洁剂,刷牙时无须再用牙膏),并把它们放在前门的一只大收纳碗里,这样当我去厨房或是出门的时候,我随时可以抓起一支开始刷牙。不过,我还是会因为制造了这些一次性塑料垃圾心存愧疚,我把所有用过的牙刷都装进一只陶瓷罐,打算等我找到回收的办法再去处理它们。

"你知道的,人人都在用的一次性口罩也是塑料做的。"我的朋友伊玛尼·巴尔巴林非常关注残障人士权益,也是一名环保主义者,但她从来不因此苛责我。她说:"塑料可接受的用途总是出于健全者的需求——口罩、塑料手套、塑料制的处方药瓶、运动防护贴……甚至快递到家的维生素包装,但是当有人因为心理或生理疾病失能而使用塑料,却有人会指责他们毁了地球。""你有你的需要,"她温柔地对我说,"暂时把地球放一边吧。"她是对的。如果我没有找到让自己勤刷牙的办法,那么去看牙医也会花费10倍于塑料的代价。

能让你的生活恢复运转的任何东西，用了都不算浪费。每天打开浇水器淋15分钟草坪是一种浪费，维护草坪不需要这么多水；杂货店和餐厅每天丢弃临期但没坏的食物是一种浪费；当水管漏水，你能请工人来修却没有，这是一种浪费，但是使用必要的物品就不是浪费。

当你陷入抑郁，无力应对复杂的烹饪和清洗时，用一次性纸盘吃饭，买包装好的色拉，这都没问题，不然你什么都吃不上；患糖尿病的人使用一次性血糖针，这也不是浪费……当你能够行动自如、好好生活后，你对这个世界回报的善举，比偶尔使用一次性塑料餐具或多用了水所造成的影响有意义得多。

你可能听过很多次宣传，告诉你要控制使用资源，防止资源短缺——"现在做好准备，未来才能生存。"这话没有错，但现在的你是否能正常生活是优先于这些远期愿景的，你可以通过别的方式为环境保护作贡献，但在此之前，先好好照顾自己。

气候变化是一个真实存在的问题，环境保护很重要,但有的人确实因为精神健康的需求,要偏离一点这种环保要求才能正常生活。我们不能以羞辱他们的方式来守护地球。保护地球,我们还是要寄希望于国家行为。

那些谴责抑郁症患者或有其他障碍的病人不考虑低碳环保的人,是非常草率、不明事理的。从健康保健角度来看,最高原则就是减少伤害。没人能一夜之间恢复正常,有些人可能会有终身行为障碍。我们的目标是一步步减少伤害,首先善待自己,然后尽力善待我们身边的人,最后是善待整个群体。你不可能直接跳到最后一步,为了减少公共问题而罔顾对个体生活的损害。如果一位刚刚失去丈夫的女性无法正常进食,我们不应该要求她必须严格遵循一份生态友好食谱。这不是因为环保不重要,而是在现实世界里,某些人的选择真的非常有限。选择食物这件事永远存在伦理争议,而鼓励一个处于痛苦中的人,能吃得下什么就吃什么才是真正的善良。

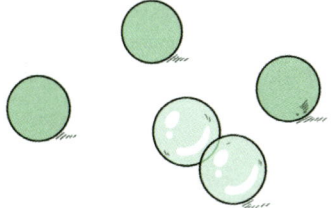

17 能力复健：洗碗

接下来，我准备聊聊有关洗碗的话题。我给你几个小建议：

- 如果你过去一周里都在对着洗不完的碗碟流泪——去买一次性纸餐盘；
- 如果你家碗碟已经在水槽里躺了快一个月了——直接扔掉它们；
- 如果你想要解决成堆的碗碟问题——读这一章。

◆ 第一步：准备工作

吃些甜食，让血糖上升；找一首好听的歌，放出来；给自己系上一条舒适的围裙，戴好洗碗手套。

◆ 第二步：统筹规划

将脏餐具从水池里拿出来，分类摞在一起：大锅、小锅、碗、盘子、杯子，以及其他瓢、盆等。有条理地叠放是很有帮助的，因为：

● 当它们被有序地叠起来，你会发现它们没有你想象的那么多；

● 这些整理性的动作，能让大脑产生意义感——不起眼的步骤有助于你产生驱动力，把事情做下去；

● 大体量家务需要一个引导你进入状态的"匝道"。你只需要花5分钟时间整理锅碗瓢盆，水槽就清理出来了。你完成了这5分钟的分拣流程后，或许已经没精力继续干下去了，不过，虽然脏碗碟还没有洗，但水槽干净了，又可以使用了。大多数人会在水槽里直接清洗碗碟，这样的做法有个缺点：如果你洗了一半就觉得无法支撑下去了，水槽会仍然被脏碗碟占得满满的，就和没做之前一样。所以，我觉得"先分拣、后洗涤"是个更有效的工作方式。

◆ **第三步:手洗和机洗**

如果你平时都是手洗碗碟,那么在将锅碗瓢盆分拣好之后,给自己设定一个工作间隔:洗完一种类别就停下来休息一会儿。如果家里配置了洗碗机,碗碟也可以分门别类地装进去。没有人规定你必须一次洗完所有碗碟。当你感觉还好的时候,就去洗一批。

◆ **我的家务我做主:脏盘上架**

我把洗碗流程做了一些小小的实用改善。

第一步是把家里分散各处的盘子收集起来、送进水槽——这一步能很快完成。在我要同时应付一个没满月的宝宝和一个上房揭瓦的两岁小孩的情况下,收集这些散放的餐具很重要——可以防止它们被遗忘在房间某处发霉发臭。这个小小的流程改进在我抑郁时期很有帮助。后来,我开始服用治疗产后抑郁的药,渐渐恢复了一些行动力,我开始把水槽里的碗碟放进洗碗机，并在每天晚上7点启动它。有那么几天，我甚至恢复到能将干净碗碟从洗碗机里拿出来了。但大多数日子里，我无力把干净碗碟取出来收纳整理，只能做到将后来的脏碗碟插进先前洗好的碗碟中，启动洗碗机再把它们一起洗一遍。有时候，我感觉很不好，在那些日子里，我的目标只是把孩子要用的牛奶杯放进洗碗机里。

有一天，我去逛家居商场，看到一只碗碟架，忽然想到了一个提高效率的新点子。对于我这样有行动障碍的人来说，洗碗最大的障碍就是面对水槽里那一堆脏碗时无从下手的感觉，如果我把脏碗放上专用架子，水槽就会空出来，不再让人望而生畏，而且脏碗也会变得很整齐有序。当我有时间把脏碗放进洗碗机时，那种被压垮的感觉就会大大削弱。我给自己买了一只备用的洗碗机餐具收纳篮，把它放在案台上。白天，我把用过的餐具都放进去，装满之后，晚上直接送进洗碗机，把另一个收纳篮替换出来。这是"脏碗中转站"，它对我很有用。

家务,随便做做就行了

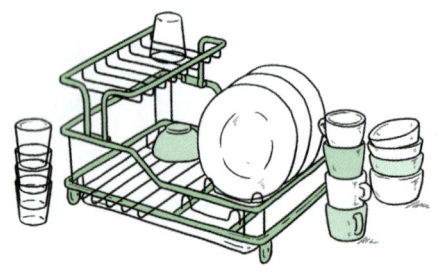

18 如果没有孩子……会不会好一点?

让我们聊聊养育孩子这件事吧。孩子的确会带来前所未有的混乱,让原本就不轻松的家务变得更令人焦头烂额。不过对于我来说,在某种程度上,养育孩子其实让我产生了一些行动力。

照顾孩子势必需要一张时间表。孩子会在某个固定时间点醒来,在固定的时间吃东西,到点午睡,到点上床。如果晚上 7 点了,我还没有走完把小孩弄上床的"流程",我实在不知道在接下来的时间里如何拖着自己完成一天的家务。不过,孩子的作息限制了我做其他事的时间,反而让我更容易规划。所以,每

家务，随便做做就行了

晚差不多同一时段，我都会忙得马不停蹄，然后不知不觉做完了家务。

养育孩子并不会让家务本身变得更轻松或更艰难，它只是让你的生活变得不同了。我变得比有孩子之前邋遢了很多，但并不是养育孩子让我觉得洗碗很难。在我单身及已婚未育的阶段，洗碗这件事对我来说也是个需要克服的麻烦。养育孩子并不是你做不了家务的理由，不过，这完全没关系，让我们接纳这一点——做不了家务没什么关系。

19 克服洗浴障碍

在处理个人卫生方面有障碍的情况远比你能想到的普遍。无论这些障碍来自生理还是心理,我们都需要理解这样一种心境:人们在心态快要挺不住的时候,羞耻感最为深重。请记得,洗澡是因为身体需要,和道德评判无关。在淋浴被发明出来前,数以百万的人类都好好活着,他们从来不淋浴,但是也生存、发展起来了。就像对待其他需要处理的家务一样,一切的出发点都应是自我关怀,而羞耻感是阻碍行动的最大障碍。

◆ 全套清洁护理用品

身体的意义在于带领我们从一段愉快的体验走向另一段愉快的体验。我们出于实用的原因清洁身体，因为我们想要保持健康、感觉舒适。所以如果你有生理或心理障碍，无法做到每天洗一次——那种精疲力竭的感觉会让你无法做任何事情——那么你最好根据自己的情况，尽量安排每周或每隔一周洗一次澡，在其他日子里，你可以使用简易卫生护理套装。将这些卫生护理套装放在家里各个地方，这样你就可以方便地拿到它们，即取即用。我建议在家里设置一个护理区，如果新手妈妈有产后抑郁倾向，那这个护理区不妨设置在她的床边。

卫生护理套装

- 婴儿湿纸巾
- 免洗头发香波
- 梳子或发刷

- 牙膏和牙刷（或一次性刷牙套装）
- 漱口水
- 面霜
- 身体除臭剂
- 好闻的精油或喷雾
- 浴巾

◆ 洗头问题

如果你很长时间没洗头，头发会变得蓬乱、油腻，让你感觉很糟糕。特别是当你已经深陷在绝望感中、很难从床上爬起来的时候，蓬头垢面会加深痛苦的情绪。当一个人正处于人生的艰难阶段时，是应该得到他人同情的，现在需要同情和安慰的人是你，你理应得到呵护而非指责。让我和你分享一些比较省力的清洁头发的方法吧。

我有一头发质还不错的、卷曲的头发。如果我随便团一个发髻，好几天不去梳理，它就会变成难以梳通的一团。每当发生这种情况,我会用以下步骤整理头发。

① 冲个澡,打湿头发,然后在头发上打上厚厚一层护发素。不要先用洗发水洗头,因为打结的头发需要充分滋润才能梳通。

② 挖一大坨护发素抹在头上,然后用浴帽套住头发,等上 20 分钟。

③ 将浴帽拿掉,用宽齿梳把混着护发素的头发梳顺,从发梢处开始,一段段向上梳理,同时要握紧发根,避免拉痛自己。梳顺之后,再用洗发水洗头,最后取常规量的护发素护发、冲水。

如果你已经卧床几天甚至几周,实在无法起身去浴室用这样的方式清洁护理头发,可以试试网上推荐的免洗喷雾。用它喷一喷头发,然后用手指抓梳——还是从发梢开始往上梳通,最后抓到头皮,之后,再用一把阔齿梳或尖齿梳重复这个梳理的过程。

如果你觉得下一次洗头又会隔很长时间,可以考虑一些"免洗"发型,如法式编辫(将所有头发编成一根辫子垂在脑后）。另外，告诉你一个小秘诀：用丝绸发带绑头发比普通发带好，它能防止头发分叉或断裂；丝绸睡帽或丝绸枕套也能防止头发纠缠在一起。

不同的发质需要不同的护理方法。我和拉克尔·马丁博士讨论过这个话题，她给了我一些有关不同发质护理的秘诀。我在这里原文转述她的建议。

护发小建议

我是马丁博士，我的例子不可能面面俱到，但我希望其中有些内容可以帮到你。

梳顺头发，一定要从底部开始，可以用免洗护发素湿润，然后用阔齿梳或发刷梳通。如果你不想如此麻烦，那么我推荐你在睡觉时戴上一只丝绸软帽或使用丝绸枕套。全棉枕套会带走你头发中的水分，让它更难打理。如果你是干性发质，你没必要在头发上涂很多油，需要滋润的是头皮，而不是头发。

你可以使用精油，但不要用纯精油抹头发，一定要混合基础油。如茶树精油可以混合橄榄油一起使用。茶树精油是一个好选择，它能帮助我们缓解头皮瘙痒、头发干燥等问题，并且刺激头发生长。

如果你用化学制剂拉直头发，你的头皮可能会变得更加敏感，新长出来的头发仍然是原来的发质。你不会每天都去沙龙护理它们的，把头发扭在一起或编成辫子比较方便，这样处理会让你发根和发梢的差异不那么引人注目。

能让头发看起来不那么油腻的发型包括编辫子、戴假发，或是梳成发髻。这样可以减少打理头发的频率，减轻你的负担。不过不要保持这种发型超过 8 周，时间长了，头皮会瘙痒。如果你不喜欢专门去护发，头巾也是一个简单好用的单品。5 分钟不到就能戴好头巾，不必买昂贵的头巾，但效果会很不错。

美发沙龙也会帮我们梳通头发，提供护理项目，如果实在无力自己清洁头发，就请美发师帮忙吧。不要担心自己蓬头垢面地去美容院会被他们在背后议论。坦诚地说出自己的困难和需求，并表示自己正在寻找能够帮助自己而不加评判的人，通常会得到来自周围人的善意回应。

◆ 刷牙问题

刷牙困难的情况倒不常见。不刷牙不会让你脏得很明显，但会让你自己非常难受。我为你列出了一些办法，帮助你护理牙齿。

● 使用一次性牙具套装、牙线，以及附着了清洁剂的牙刷。你可以把这些用具放在包里随身携带或放在车里。如果走到浴室去刷牙很艰难，那就让这件事随时可以做。

● 儿童牙膏通常口味比成人牙膏更甜，不含强力薄荷成分，刷牙这件事会变得轻松一点。

● 与手动刷牙相比，电动牙刷可以在更短的时间里把牙刷干净，有些智能牙刷甚至有定时器，会发送提醒到你的手机上。

● 如果你无法刷牙，用漱口水也能杀死口腔中的细菌。记住，应该做的事情即使打折扣地去做也比不做好。

● 如果你需要去看牙医，又觉得自己没有做好日常口腔护理，面对牙医的时候很尴尬，那就先和牙齿保健医生进行一次面谈。向医生说明你的焦虑与尴尬，也说清楚如果医生因此让你难堪，你就不来这家牙医诊所了。大多数医疗服务机构都希望你持续前来，只要你明确地告诉他们你的需求，他们就会更谨慎体贴地对待你。

阅读捷径：可跳至 23 继续阅读。

20 自我厌恶的时候也要照顾好身体

在我 7 岁的时候,妈妈带我去流浪动物收容站,告诉我,我可以领养一只猫。我一直走到一排笼子的尽头,看到一只糟糕透顶的小猫,她的尾巴被一辆车压断了,屁股上的伤口还没愈合,涂了药膏的地方还在微微渗血。我没有再看其他小猫,我跟妈妈说我就要这一只。我把小猫带回家,照顾她,了解她,她也成了我的朋友。我对她的情感,不是因为她看起来名贵可爱,只是因为我想要照顾她。我说这件事的目的在于:它能帮我们跳出自我去看待我们的身体。"你"拥有一具身体,但"你"又不等同于"身体"。即使

家务，随便做做就行了

你觉得自己的身体有点糟糕，你也可以去了解它，慢慢地，带着好奇心，不进行批判，只是照顾它——就像我和我的第一只小猫那样——你的身体才有可能成为你的朋友。

你不一定要等到你喜欢你的身体时才顾惜它，事实上，当你真正顾惜自己的身体时，这种照顾会让你开始学会爱自己。

21 温柔的自我对话：我是个普通人

有人曾问我对"自我肯定[①]"这一概念的看法，当时我没有给出积极、正向的回答。因为我也试图做到肯定自己，但我甚至无法相信自己。实话实说，我对"自我肯定疗法"的感觉很矛盾。在我青少年时期戒毒的 18 个月里，治疗师经常让我们照照镜子，说一些肯定自我的话，如"我今天很好"或"我很漂亮，

[①] 自我肯定（self-affirmation）指个体对自己外在形象、精神面貌、性格特征和行为表现等方面的认可、欣赏和肯定。自我肯定可形成自尊，发展自信；也可产生自我满足、自我陶醉心理。为保持自我中心性，个体须不断鼓励自己、督促自己，使自我中心和独立感趋于成熟。

家务，随便做做就行了

人们都喜欢我"。说实话，我从未觉得它们有什么帮助。我讨厌我自己，对着镜子说"我喜欢我自己"，感觉就像说"我相信有独角兽"一样无效、一样幼稚。但是，我发现有一句（只有一句）肯定的话对我确实有效。那就是"我是一个普通人"。

人有着与生俱来的权利，而人本来就是混乱无序、容易犯错、不完美的生物，不可能也无法永远把每件事都做好。而这种混乱、易犯错和不完美并不影响我们的价值。我不例外，你也不例外。当我犯错时，这句简单的话会提醒我，我会犯错，但不需要为自己的存在而感到抱歉，我生而为人的价值并没有受到损害。下次当你感到犯错的恐慌时，请记得这一点。

我曾经也陷入自我怀疑的低谷，直到有一天，我忽然自问："有没有一种可能，我生而为人，本来就有被善待、被爱的权利？我本来就应该拥有一个正常运转的生活？为什么不可以犯错？"

你怎么回答这些问题并不那么重要，关键是向自己提出这些问题,给了我们一个思考空间:当你说自己毫无价值时,你错了:你生而为人,本身就有价值。

家务,随便做做就行了

22 "差不多"已经很棒了

几个月来,我睡觉时厨房都是干干净净的,我花时间把它整理、维护得好好的。做到这一点的秘诀是:别去在乎前厅什么样,它乱糟糟的也不要紧——这不关我的事。我家的衣服只有在洗衣日才会被收拾起来,因为我早就放弃了把它们折叠起来收纳。我的卧室舒适整洁,因为我把打理浴室的时间和力气用来打理卧室了,浴室乱得好像浣熊窝。我的理念是:只要让家的实用功能可以运作就行,把打扫整理整个房子的时间和精力节约下来,只收拾最常用的那部分,其他地方马马虎虎也没关系。这样的处理方式让我轻松一些,家的状况也变得比以往好些。

我知道，这些做法与我们大多数人从小受到的教育大相径庭。

或许你是听着父母说"要么不做，要做就要做好"这句话长大的。虽然当时你总想和父母唱唱反调，但这句话总是会在你人生中的某些时候冒出来，影响着你对自己的看法。其实，"要么不做，要做就要做好"也可以这么理解："有一部分事可以不做，也不是所有的事都要做到完美。"我敢肯定，其实除了你自己，也没谁会在乎你什么时候洗衣、洗衣过程怎么样。

如果你总是要求自己要把冰箱擦得无懈可击，每次洗澡都要干净得无可挑剔，每个工作项目都得完美无缺，你就会精疲力竭，生活的热情就会在这一次次"完美"中被消磨殆尽。如果你一辈子都把注意力放在追求事事完美上，那你哪里有时间去体会生活的乐趣呢？优先考虑几件真正重要的事，其他的事项只需达到"够用就好"的目标，让你每天睡觉前体验到安心和成就感，这才是健康的生活应有的样子。

抛开你心目中家务应该达到的高标准,努力找到适合自己的方法。不要向网红"家务女王"看齐,你的目标应该是让你的生活空间变得实用。虽然洗完一大堆衣服可能会让人觉得很有成就感,但只洗干净两三件内衣也是在照顾你自己。你完全可以用最方便的方法做最基本的事。完美主义是会让人崩溃的。我们不是将就,我们只是在适应例行工作,做家务是为了让我们能够生活、工作和自我成长。

希望你能拥抱不完美的自己和生活。

差不多就好。

23 能力复健：换床单

在纸尿裤还不普及的时代，很多父母会用一个小窍门来应付孩子尿床——在床上一层一层地铺上几套干净床单和防水布。当孩子半夜尿床时，就能快速揭去上面的床单和尿垫，直接使用下面干净的那层了，不用兴师动众地在半夜换床单，搞得自己睡意全无。你有没有想过，你也可以用这个小窍门给自己省些力气？

床罩可以遮挡灰尘和汗水，如果你没有多条床罩，层叠铺上几条床单也可以，需要换新的时候直接拉掉一层即可。这个办法可能没有你定期洗晒、更换床品好,垫在下面的床单还是会有点汗味,但对于无法挤出更多精力照顾自己的人来说,总比拖延着不换床单好得多。

24 休息是你的权利，不是劳累后的奖赏

如果你一直以来都把家务视作自己对家庭负有的道德义务，你很可能面临着这样的情况：要么在家一直忙个不停，焦虑得要命；要么变得毫无动力，周围越乱你越没力气着手收拾。这两种情况其实是硬币的两面，而这枚硬币就是羞耻感。如果我们认为自己的价值取决于把家打理得如何，我们就永远无法安心地休息，因为家务永远也做不完。这种羞耻感确实会驱使我们动手去处理家务，但那些抱着羞耻感开始行动的人，即使在休息时也会十分纠结，休息非但不能让人放松，反而会带来负罪感。

请记得,你本来就有休息、社交、修复自我的权利,不是必须完成全部家务才能赢得。家务是永无止境、重复产生的,如果你要等到做完所有的事才能休息,那你将永远无法停歇。

请记得,休息和睡眠并不一样。睡眠是一种在无意识状态下进行的"充电",休息是人在有意识时进行的"充电"。大量研究表明,睡眠对于人体健康非常重要,人们也普遍认同这一点,但人们较少谈及休息的重要性。每个人能放松自己的活动是不同的,但总的来说,我们追求的是相似的东西:和人沟通、放慢脚步、舒缓精神,而不是功利地想要有所产出。

"休息"对很多人来说并不容易,人们往往把"休息"视作"无所事事""没有效率",等同于"偷懒"。我们应该质疑这种"休息等于懒惰"的说法。这段"没有产出"的时间是一种必需品,休息对恢复精力很重要,对工作同样重要。

几乎每个孩子在儿时都被教导过,必须把分内的家务做完才能休息。这种教育本身并没有错,在那个阶段，父母想教我们建立责任感，学会延迟满足、爱护环境、尊重家庭等，建立良好的价值观。他们给孩子安排的家务也不多，通常只有简单的几项：整理自己的床铺、丢掉垃圾、折叠并收好自己的干净衣服等，孩子一般都能很快完成，接着毫无愧疚地去玩耍。但当我们成为成年人后，这张家务列表就长得看不到头了，而且每天都是重复的。我们中有多少人已经将"在完成所有家务之前，不能休息或玩耍"这一信息内化了？我们无法好好休息，总是心怀愧疚。如果我们自己都无法放松，永远处于焦虑状态，又将如何教育孩子（或重新教育自己）学会承担责任和休息？

◆ "那么，我怎么才能知道，我是真的累了还是只是在犯懒？"

我的建议是：听从你自己的需求就好。

有时，我哄孩子上床睡觉后走下楼，看着乱糟糟的屋子，心想："真想坐下来休息……但我如果现在做一点儿收尾工作，明天早晨就可以轻松一些了。我现在虽然很疲惫，但现在做一些家务是在给明早的自己减负。放点音乐，动手做起来。"在其他时候，当我走下楼梯时，觉得浑身酸痛，身体和心灵都叫嚣着要得到照顾——在那些夜晚，我就只做最基本的收尾工作，甚至什么也不做就直接去放松休息。记住，懒惰是个伪命题。

长期以来，虽然我给自己进行了很多心理建设，但当我在家务中"偷工减料"时，仍然会觉得自己不负责任，因而感到愧疚。于是我深究自己的内心：我究竟从哪里接收到了这种"优先让自己获得休息而不是洗一晚上的碗是不负责任的"信息？问题的关键不在于我是选择休息还是整理厨房，而在于我为什么会因为自己休息而心怀愧疚？如果我对自己说："今晚我对自己好一些，先休息，让这些事等一等。"这有什么关系吗？耽搁一晚上并不会发生什么大事。

很多人认为，一旦放松了对自己的要求，就会一发不可收拾，一直懒散下去。我觉得大家不必担心这个，那只是一些家务，做不完也没事。

我一直认为,只有善待自己才更能激发动力。你一旦开始毫不内疚地休息,你会发现自己的身体和精神都那么需要它。有研究显示,那些出现职业倦怠的人可能要几个月甚至几年才能从巨大的心理压力中恢复过来。你的身体也一样,它需要很长时间来处理和适应你所遇到的情况。你可以温和地帮助自己度过艰难时期,效果比你不断用懒惰、差劲等负面评价逼迫自己要好得多。不要担心自己就此变懒,当你学着善待自我时,休息和工作之间的平衡问题会很自然地得到解决。

所以,不管你打算采取什么行动,都可以慢慢来。

◆ 如果经济状况无法支持,怎么办?

大家都认识到休息的好处当然很好,但我也知道,有的人确实无法休息。为了支付账单或养家糊口,他们不得不持续工作。我一直都很幸运,没有经历过这种情况。因此,如果我试图对忙于生存的人就"如何挤出休息时间"给出建议,那就太自不量力了。我只能说，日复一日奔波工作的人是我所知道的最有创造力、最努力的人了。他们在时间或金钱只够顾一头的时候，却要在工作和照料家庭之间进行平衡。无论是我还是其他人，都无法为他们解决这个问题。我只能说，如果你处于这种状况，你绝对有权利把你和家人对休息的需求排到优先事项中去。或许每周可以有一个晚上大家都用一次性纸盘吃饭，这样就不用洗碗了；或许可以安排一个夜晚在家看电影，这样就省去了睡前的各种麻烦事儿，每个人都可以放松下来享受一下。

在人生的某些艰难阶段，我们很可能无法满足所有的需求，但将休息视为奢侈品的观念应该改变，这能帮助你获得继续生活的能量，你知道，时不时抱怨一下生活艰难是可以的，那并没有错。

阅读捷径：可继续阅读㉕中有关家务分工的内容或跳至㉖阅读"能力复健"相关内容。

25 公平分配家务的关键

说到家务,伴侣在家庭中分工不均经常是个矛盾点。我可能没办法帮你在这方面进行全面评估。不过,我可以提供一个讨论这一问题的新思路:平分休息时间而非量化工作。

大多数夫妻都想从平等分工的角度来处理家务。通常情况下的计算方法是:先分别量化双方的有偿工作,然后在此基础上分配家务,使两者的工作量相当。

但这种方法的问题在于:你无法精确地衡量工作量。判断谁的工作更努力、更辛苦,就像在拿苹果和橘子作比较。按照消耗的小时数来计算吗?如果一份工作对体力要求很高，但工作时间较短怎么办？如何比较情绪消耗大的工作和不消耗情绪的工作？那些工作时间相对自由，但随时待命的人该怎么办？经常出差的工作该怎么衡量呢？能否认为他们出差在外，花了很多时间在工作上，所以应该减少家务量；还是因为他们外出时根本不照顾家庭，所以回来后应该多承担家务？

最重要的是，当夫妻双方从"谁工作更辛苦"的角度开始争论家务分工问题时，讨论其实已经失去了意义。如果讨论的基础是"平等"，那么当一方说"我需要你做更多家务"时，另一方接收到的信息就是"你做得还不够"。一旦不被认可的感觉上了头，争论双方讨论的问题就不再是"谁来洗碗"了。此时主导双方的情绪变成了"对立"：觉得自己付出得多而对方显然没有看到，或对方是不是在家庭关系中占了便宜。这种对立的情绪会让承担较多家务的那一方疲于奔命，产生怨恨，而另一方则因为伴侣的怨气而产生怀疑，觉得伴侣不够体谅自己。

我们的目标不是让所有的事都能公平分配，而是想办法分头承担工作之外的其余部分。

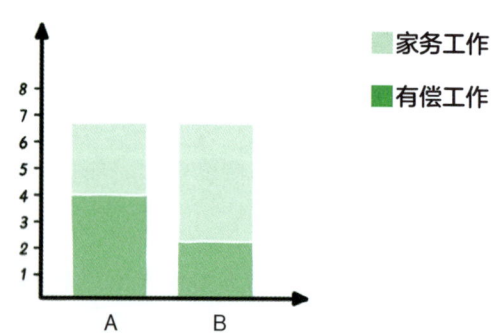

◆ "免费"与产出

那些认为让一方辞职、在家管理家务就能逃避这种工作与家务分配问题的人，往往是最容易卷入这种冲突的。比如：一对夫妻，一个是煤矿工人，另一个在家照料家务，假设他们一致认为，挖一小时煤比照顾一小时孩子更辛苦，因此，他们认为工作难度较低的一方应该承担照顾家庭的所有任务——他们的工作量看起来是平均分配的，那么，问题出在哪里？

在大多数这样的家庭中，煤矿工人每天5点下班，每周休息2天。他们完成了一周的工作,周末睡个懒觉,利用这段时间去休闲娱乐,做自己想做的事,没有人会提出异议。但与此同时,承担"轻松"的照料孩子任务的配偶却没有这些固定的休息时间。

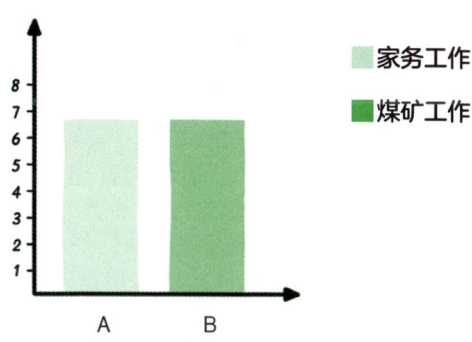

煤矿工人和家庭主妇可以就谁工作更辛苦的问题争论到面红耳赤。事实上,他们都很累。他们都希望自己的劳动得到赞赏。两者都应该得到休息。对,即使你的工作"更轻松",你仍然需要休息!

但是,"免费"的照料家庭工作与有偿工作不同——不是更辛苦或更轻松,而是"不同"。家务循环往复,永无止境。尤其是在照顾儿童的过程中,没有一刻是能"告一段落"的,没有"打卡下班"这种事。如果你还不理解,那么想象一下出现在你脑海中最"轻松"的工作,问问自己是否愿意每天持续干16个小时以上,一年365天通宵待命?没有人可以做到这一点还不崩溃。

那么,如何让休息变得公平呢?首先,两人的出发点不应该是向对方证明自己工作的价值,而是从互相照顾的角度切入。双方应该自问:"我们怎样才能确保双方都能得到休息?"这种对话会涉及谁为这个家做了什么,而且必然会涉及更多东西。

无论谁的工作"更辛苦"或"更赚钱",双方都需要承担一部分家务工作、照顾孩子,以便为伴侣创造空间,让他们在一周中也有休息和娱乐的时间。真正的好伴侣会愿意这样做。他们不会因为薪水高或工作时间长而认为自己比伴侣更有资格休息。维持一个家不是一桩交易,不要只是想着保护自己的利益免受对手的侵害。家庭成员之间是一种伙伴关系,你们的出发点应该是关心彼此。这个目标不像比较工作量的柱状图，而更像一个折线图，双方共同努力，长久地相濡以沫，共同确保双方都能休息和享受生活。

◆ 破解"公平难题"

我的丈夫迈克尔是一名律师，他在一家繁忙的事务所工作，在职业生涯的最初一年半中，他每周要工作7天；而我是一个在家照顾两个孩子的全职妈妈。我们都很累。我们必须想办法，既能保证家庭的正常运转，又能让双方都得到休息。那么，让我们先一起定义一下休息吧。

● 休息是获得乐趣

在休息的时间段，你可以娱乐，可以放松，如看电视或画画（打个盹也行），也可以运动，如散步或购物。休息时间不是用来完成某些单人家务的——买菜、理发或洗澡都不是休息。

● 休息是充电

用哪种方式给自己充电完全取决于你。

有些朋友觉得去健身房能给自己充电，因为大运动量的活动能让他们放空大脑，获得精神上的休息。但对我来说，运动既是体力劳动也是脑力劳动，并不能让我得到休息。

可能对你来说在独处时间看连续剧会感到放松；而我喜欢与好友约一顿午餐，不带孩子，一起聊聊天，既能恢复精神，又能满足社交需求。

● 休息包括自主支配时间

在有孩子的伴侣关系中，你们可能得花更多的心思在安排休息档期上。在这种情况下，一方可以随意安排，由另一方全权照顾孩子。休息时间必须得到保证，在这段时间里，你可以心安理得地决定自己要做什么。如果其中一方为了休息一个下午，必须像在公司里那样，提前3周向配偶提交请假申请，这样的合作关系就是不公平的。每个人都应该拥有时间自主权。

● 休息不是随叫随到

要是周六你看个电视剧，在客厅玩耍的孩子每隔10分钟就来找你要零食，还要你调停他们的打架，这段时间可不能算是休息。

● **休息的责任**

你的伴侣有责任保护你的休息时间,你也有责任实实在在地利用休息时间。如果你的完美主义让你利用休息时间擦洗护壁板,那不是你伴侣的错。

虽然当你在客厅看电视时,孩子围绕在身边打打闹闹未尝没有亲子乐趣,去安安静静地洗个澡也很重要,但我要说的是,这些活动并不能满足人类对休息的需求。

我在前文说过,休息不仅仅是睡觉,但平等休息可以从保障伴侣的睡眠开始。我的第一个孩子出生后不久,我和迈克尔就分配了周末的时间,确保我们都能睡一下。周六早晨,我和孩子们一起早起,周日早晨则由他早起陪孩子们。睡觉的一方可以睡到上午10点,或者睡到自然醒,然后做些自己想做的事(我们几乎总是选择睡觉)。迈克尔周末经常也要工作好几个小时,所以在他工作期间,我负责照顾孩子、打理家务,也照顾他的需求。我们的共识是:周末除了睡觉和工作的时间都被定为家庭共育时间,不会随意把孩子丢给其中一人，自己出去休闲，我们会一起计划好周末需要做或想做的事情。分工合作、共同完成养育工作既是义务也是乐趣，时间不是自然而然空闲出来的，有人能休息、能自由支配时间，必然有另一个人在照料一切。

在工作日的晚上，迈克尔下班回家后，他会立即投入与孩子们的互动。此时，我的任务就从照顾孩子转为做晚饭。当迈克尔洗澡、哄孩子们睡觉时，我做收尾工作。我们俩结束家务和工作后，会坐下来一起看会儿电视，直到睡觉。

很多时候，当我们结束一天的忙碌，终于能坐下来时，客厅里还是乱糟糟的。洗好的衣服摊开在外面，家里至少有一个区域看起来一副劫后余生的混乱模样。但不管还有多少家务没做完，我们还是会坐下来放松一下自己——每个人都应该给自己设定一个"打卡下班"的时间点。在家中，确保公平休息的关键在于不吝于表达感激之情和相互信任，而不是争论该谁去倒垃圾。生活中总有无数还没做完的家务，但我们留出时间交谈、相互欣赏、相互关爱,这种氛围为生活奠定了基础。

迈克尔不会提前起床为孩子们一天的活动做准备,我对此没有意见,我认为他需要额外的睡眠。同样,当他回家时,我们的家从来都不是整洁到无懈可击的,这对他来说也无所谓——乱乱的家意味着我和孩子们度过了非常有趣或非常艰难的一天。我们之间也像其他所有夫妻一样会有矛盾,我们有时也会在家务上产生分歧,但我们还是把重点放在公平的休息上。公平的休息能在很大程度上让人对分工合作里的各种小问题较为宽容。

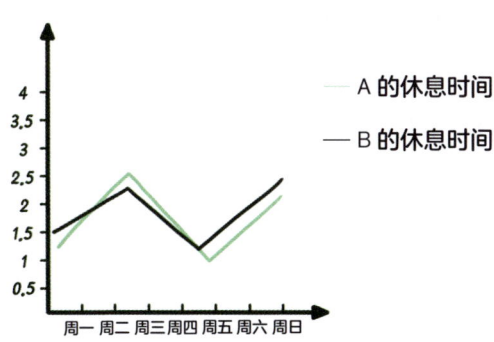

26 能力复健：打扫浴室

在某些特殊阶段，打扫浴室会变成一件难以完成的任务。每天的时间和精力是有限的，此时，我们的目标是用最少的精力去达到较好的效果。

你可能需要花点时间，让浴室从"可以使用"的状态提升到"非常干净"的状态，但你为什么要勉强自己花这些时间和精力呢？等你渡过了难关，有了额外的时间，可以花更多时间在清洁浴室上，但在困难时期，不要对自己太苛刻。

你只需要买两把带一次性清洁头的刷子，用一把清洁马桶，另一把清洁淋浴间、浴缸和水槽，很快就能完成基础打扫。另外,你还可以用一些纸巾擦拭台面、淋浴门和镜子。相信我,这样做就足够了,你做得很好。这事儿没那么重要,绝对没有人会在临终前后悔自己没有把浴室打扫干净的。

如果你有关于浴室的创伤性记忆,如曾经在浴室受到过虐待、羞辱或痛苦的性行为,清洁浴室会更为困难,接近马桶可能会触发创伤应激。如果你有这种状况,请对自己温柔一点。你可以把这项任务交给家里的其他人或花钱请家政人员来做,千万不要勉强自己。

家务，随便做做就行了

27 能力复健：保养和清理汽车

我的车看起来糟透了！我可能永远也没办法把它打理漂亮。其实，那也没什么关系。每天开车外出，又不是要驶进完美无瑕、整齐有序的童话世界。是否打扫、擦洗汽车只和你享受生活有关，和汽车的实用功能无关——即使你的车总是一副没洗干净的样子也没关系。

28 身体不听使唤怎么办

有时,完成家务工作的障碍不是你的头脑,而是你的身体。你的头脑很想去做点什么,你的身体却像被绑了沙袋一样沉重。这种状况可能是因为你整夜失眠,也可能因为你承受着慢性病的折磨、忍受着长期疼痛;也许你正怀着孕,行动不便;也许你正在经历生活中的某件事,而它给你带来了极大的压力,影响到了你的身体。在这种时候,争分夺秒地逼迫、激励自己都无济于事。你应该慢慢地动起来,不要给自己限时,不要给自己规定步骤。你可能无法完成全部家务,但比起什么都不做,做一点就是成功。

以下是一些可能帮得上你的小方法。

● 买一个长柄捡拾器,用它捡起地板上散落的物品,不用弯腰就能轻松一些。

● 备一个带轮子的办公椅,便于整理时移动重物。

● 用沐浴椅,让洗澡变得轻松一些。

● 在每个房间放一套清洁用品,减少来往取用的步数。

● 可以备一个三层推车,方便你把需要放回原位的东西收集在一起,最后一起搬运、整理到位。

● 用长柄畚斗,减少弯腰动作。

● 用自动扫地机和洗地机清洁地板。

● 把地上的物品集中成一堆,然后坐下来整理。

● 在所看节目的广告时间见缝插针地做一点家务作为调剂。

● 把握活动时间,在不至于疲劳、崩溃的安全范围内做事。

● 在浴室和其他摔倒高风险区域安装防摔扶手。

● 在状态还可以的时候,按照 2~3 倍的量准备食材，冷冻起来，在你状态不好的时候取用。

● 整理一张节奏舒缓的音乐歌单，帮助你在处理家务时放慢节奏，平息焦躁。

29 对家庭的付出无关道德

与他人共同生活的时候,我们如果无法完成家务,往往会感到内疚。即使伴侣很体贴,这种愧疚感也挥之不去。让我们讨论一下,"家务工作是中性的"这个话题。

人们之所以会在照顾家庭、做家务这件事上产生愧疚感,其本质不是"我对家庭的付出够不够多",而是"我是不是占了伴侣的便宜"。其实你不需要通过贡献来获得爱、关怀和归属感。我们知道,家人对你的爱是真实的,即使有一天你得依靠呼吸机呼吸,无法为你的家庭做任何事(甚至还在使用大量资源),

但你对家人来说仍然很重要。我们每个人都会在人生的不同阶段或多或少为身边的人付出，也或多或少接受别人的关爱。

在家庭分工方面，"付出多少"是个很难厘清的概念，不过有些行为方式是明显错误的。要是伴侣中的一人下班回家后，整晚都能放松休息，而另一位却从早到晚都在忙碌——无论他/她是外出工作还是全职在家——这肯定是不公平的，那位到家就什么也不干的人应该感到羞愧。

问题的核心不在于那位回家就歇着的伴侣没有为家作出足够的贡献，而在于他们觉得自己比伴侣更有权休息，并心安理得地享受对方的劳动和付出。如果你因为自己的性别或收入更高而觉得自己有权得到更多的尊重，那是不对的。

当我们谈论家务的分工时，我会这样教导孩子：为家庭付出不是一种道德义务，伴侣双方对彼此的态度是最重要的。是的，我希望我的孩子有责任感，同时，我也告诉她们，当她们感冒生病时，不"尽自己的责任"也没关系。我希望我的孩子们长大后能够关心他人,公平对待他人,而不会被虚假的负罪感压垮。她们的自我价值感不应该与所谓的"贡献""付出"挂钩。我希望我们所有人都能这样。

对家庭的贡献和道德无关,当有人要求获得作为家庭一员的好处、得到对方的照顾,却拒绝承担自己的家庭责任时,就是在剥削其他家庭成员。不过,能力限制不在此列,在遇到困难时接受帮助不是剥削他人。

30 打扫房间与原生家庭创伤

"我爸爸经常深夜回家,如果家里不是一尘不染的,他就会大叫着把我们吵醒,让我们在半夜打扫。我第二天上学时总是很累。"

"我妈妈会把我锁在房间里,让我打扫卫生。我被乱七八糟的东西弄得不知所措,只能瘫坐在那里。她就会进来大骂我懒惰。"

"如果我没有按照他们的标准打扫房间,他们就会进来,把所有东西都倒在地板上,叫我重新开始。"

这些只是来我这里进行心理咨询的人说起的关于家务创伤的几个例子。

有虐待倾向的照顾者往往会将家务作为一种惩罚、羞辱和虐待方式。这种情况并不少见。这类创伤会一直传递、延续到孩子成年，可能导致以下两种后果之一：你可能会逃避照顾孩子的任务，因为你把它们视为惩罚；你也可能变得痴迷于照顾家人，痴迷于打扫整理，因为你已经在内心深处形成了这样的观点——如果有任何不够整洁的地方，你就会觉得自己很脏或很失败。

你如果陷入内耗、自我霸凌，赶快停止过度思考，去倾听你内心深处的声音吧，那些对自己的高要求真的是你自己的想法吗？是不是过去的经历给你留下的创伤？心理治疗可以帮助你解开这类心结，帮助你重新定义家务，把它视作单纯的日常事务而不是惩罚。

如果你在孩童时期遭受过忽视和虐待，而这种虐待发生在一个非常肮脏或杂乱的环境中，你可能会觉得，作为父母，你最大的责任就是绝不能让你的孩子重蹈覆辙。于是你可能会花费比别人更多的时间和精力去打理家务。脏乱对你来说是混乱和危险、是缺乏安全感,意味着不被爱、不被关心。你不希望自己的孩子也有这种感受,因此会更加神经紧张地确保家里不会有任何杂乱——这会把你自己逼到精疲力竭或精神崩溃的地步。

放松一点儿,杂乱的家不会让孩子经受痛苦的情感环境,如果你给他们充分的安全感和爱意,他们就不会有那种糟糕的经历。

地上乱七八糟都是玩具?说明父母关注孩子们的需求,给他们买了足够的玩具。水槽里有很多脏碗碟?说明父母亲自为孩子们做饭,让他们吃得饱饱的。衣服上有污渍?说明你们心态开放,让他们自由画画、玩泥巴,释放天性。

把这句话贴在家里吧:"这是个充满安全感的家,我在这里很安全。"

31 挑剔的家庭成员

即使我们能在挣扎中给予自己善意和同情,我们仍常常不得不和理念不同的朋友或家人抗争。当有人批评我们家的状况或试图指手画脚、提一些无用建议"帮助"我们时,我们该如何应对?

对于怀着善意的家人,你可以说:"我也希望自己能把家打理到理想状态,我正在努力,最需要的是你们不带偏见的支持。现在真正能帮助我的是……"接着,你可以把他们能给予的具体帮助说出来:"帮我把这几袋旧衣服送去回收箱吧。""在我打扫房间的时候陪陪我吧。""能否帮我预约一次家政清洁服务?""帮我联系医生预约看病好吗?"在大多数情况下,那些关心我们的人并不是故意要说些空泛的建议,他们真的很想帮你做些什么,只是需要你来引导,让他们知道如何才能帮你。如果他们拒绝提供实质性的帮助,你就可以说:"那么,你对我最大的帮助就是不要再对我家的状况评头论足了。"

如果你的周围有一个特别粗鲁、爱多管闲事的人,你可以不客气一点,让那些不识趣的家伙保持边界感:"谢谢你的关心,但我现在不接受任何关于这个问题的建议。"或者:"我的家我负责,我可不会像你这么说话。"

阅读捷径:可跳至 33 继续阅读

32 节奏重于常规

莱斯利·库克博士是一位研究多动症的临床心理学家,她曾对我说过:"忘掉常规的条条框框,你得专注于寻找自己的节奏。"无论你是否遵循那些常规的轨迹,只要找到了属于你的节奏,你就可以跳过某个"节拍",在合适的时候再回到正轨。

以前,我总是想按部就班地做事。床单脏了就换,洗碗机满了就清理,干净衣服穿完了就洗。但实际情况却没那么理想,往往是床单脏了一个月后才有时间去换;脏碗碟太多,看到就压力倍增,一直拖延;衣服洗好了,却被忘在洗衣机里3天,结果又得重洗……

问题是，由于过于忙碌，当我注意到一些家务应该要做时，手头常常正在做另一件事。我只能想"哦，我晚点再做，我先应付手头这些"，然后就忘了；或者"我最好现在就去做掉，免得忘记"，然后就忘了现在手里已经做了一半的事。在处理家务时，我总是被拉向不同的方向，分身乏术。我在伺候这所房子，疲于奔命，而房子并没有实现它的服务功能。

我意识到，自己需要改变这种状况。于是，我尝试把打理房子的家务事项写成日程表，便于我掌握每天和每周的生活节奏。即使还有干净衣服可以替换，我也坚持在每周一洗衣服；即使床单还不太脏，我也每周四洗床单；即使洗碗机没有装满，也要每晚开一次。我做这些家务的频率略高于所需，略低于一般人认知中的节奏，但是无所谓——频率不重要，只要事情搞定就行。

◆ 既定程序

如果你是那种走进乱糟糟的房间就开始捡起各种杂物并收纳起来的人，我真要为你高兴。我自己就做不到这一点。我会不知所措地徘徊20分钟，然后干脆放弃收拾。我有时也会随便拿起一些东西，但拿着拿着就把它们放在了不合适的地方——我会在整理房间的中途被一些无关紧要的其他活计吸引，中断手中的工作：比如打扫到一半开始整理我收藏的毛线。

后来，我学会了与我的大脑合作而不是对抗它。我建立了一些规则，确切地列出我在一个房间里要做的事情和顺序。我的"五步整理法"是其中之一，结束每天工作的"收尾动作"是另一个。

"固定的步骤"让我像士兵或游戏中的主角一样冲劲满满。为了鼓励自己行动起来，我曾试着和自己玩各种游戏。有时，我会想象自己是个世界闻名的清洁专家，正在直播做家务的过程，向大家介绍方法。这种想象帮助我屏蔽其他的"分支任务"，给了我明确的目的，让大脑自动运行。一旦不用思考"下一步从哪里开始"或"该做什么"，我就能自然地从一项任务进入另一项任务，中间几乎没有停顿。既定程序产生的动力帮我规避了我在执行力方面的问题。

◆ 新习惯和新方法

当你想在做家务时引入一些新方法时,不要急于求成,就从你已经在做的事开始,让它变得更方便。

例如,如果你本来习惯于把衣服扔到某张椅子上,与其对自己说"就这样吧,等要洗衣服的时候一起拿去洗衣机",不如在椅子旁边放一个洗衣篮,把待洗的衣服直接放进去,把椅子空出来,继续发挥坐人的功能。到洗衣日,你可以方便地把整个篮子拿到洗衣房去,这样,椅子上不再堆满脏衣服,屋子也看起来更有条理一些了。如果孩子们经常把盘子扔得到处都是,你也不用给自己立下难以完成的规定"从现在开始,碗碟一用完就及时清洗",可以把用完后的脏盘子暂时收集到水槽里,即使不洗,屋子里的凌乱程度也会大大降低。

当你习惯新步骤之后,你就可以尝试用另一个小调整来提升效果。例如,你可以把碗碟分类堆放在水槽边,而不是把它们一股脑儿堆到水槽里,这样你就可以随时使用水槽了。

如果某个工作方法对你来说做起来一直很别扭，你无法不假思索地搞定，这只能说明这个方法不适合你，你需要的是找到更适合自己的办法和其他好用的工具。绝对不是你不够好。

◆ 有动力胜过做完美

两年前，我发誓再也不节食，不再为了变瘦而运动。两年里我都没有运动。现在，我终于产生了想要活动身体的愿望，这既是为了享受运动的乐趣，也是为了健康。为了减肥而运动和纯粹地享受运动乐趣是两种截然不同的体验！

我其实非常不擅长运动，只能运动很短的时间。过去，我为了瘦身而运动，但代谢脂肪需要持续运动很长时间，而我既没有足够的体力，也没有充足的时间，运动量总是不足以减肥，这让我备受挫折，最终放弃了。

现在，我改变了策略，时不时见缝插针地进行5分钟、10分钟我能承受的低强度运动。这个强度的运动不足以产生瘦身效果，但在我看来，这并不是无用功,因为每分钟的运动对我的身体和精神都有好处。我还认识到,任何能产生动力的事情都是有价值的。

时不时骑骑健身单车会让我变得更有活力,这种活力会推动良性循环,让我有动力继续下去,让运动逐渐融入我的生活节奏。不定时的、较低难度的运动像是舒缓而多变调的爵士乐,虽然节奏不够激烈明快,但它确实能推动你去努力生活。先创造一点动力,它会产生更多活力。积极的行动能把你从消极情绪里解放出来,去从事对你真正重要的工作。

在我抑郁的阶段,每天早晨都几乎无法起床,没有力气去洗碗、洗衣服,任何小事对我来说都是沉重的负担。我的工作经验和知识告诉我,"起床"是我亟待解决的问题。当时,我所采取的行动是在临睡前把保暖拖鞋放在床边。因为我意识到每天早晨醒来,我走到浴室时脚是冰凉的。这种感觉超级不舒服,要改变却很容易——放一双保暖拖鞋,一点儿也不麻烦。从这种小事开始做起,真的能推动自己去做更重要的事吗?听起来是不是有点儿奇怪?事实上,这类简单

家务,随便做做就行了

的小事是一个起点——晚上把保暖拖鞋放在床边、让早晨的几分钟变得愉快一些,会让我有动力在第二天晚上再准备拖鞋。微小的推动会产生越来越多的动力。我们要学着发挥节奏和程序的作用。

建立一种你能直接体验到好处的习惯吧,它可以帮助你获得做其他事情的动力。我并不是建议你在床边放一双保暖拖鞋——你选择哪种小改善都可以,只要对你来说有效果。这种习惯也不一定要一直费力保持,暂时有所改善就好。

今天,你能为自己做一件什么事,让明天的你更开心、舒适一些?

33 能力复健:维护你的空间

能让家中保持舒适状态的简单计划,胜过让空间保持完美的复杂计划,没有必要过度追求完美,那会让自己焦虑。

一种最简单的方法就是:在家中选择一个实用性强的空间,花一点精力打理它,让它保持宜居——卧室或厨房都可以。如果你有孩子,也可以选择孩子的房间或游戏室。计划一下打理这个空间需要做的4~6项工作,每周都完成,让这个空间保持干净舒适。我选择卧室作为我家的舒适空间,环顾这个房间后,决定做以下几件事:

家务，随便做做就行了

① 把用过的杯子和盘子拿出来；
② 换掉床单；
③ 把脏衣服拿出来，扔进洗衣机清洗；
④ 把垃圾收集起来并倒掉。

如果这些事都做到了，卧室的舒适度就大大提高了。你可以根据自己的情况决定，以上工作是否需要每周做两次，然后把它们加入日常事务列表。

你可能要工作或养育幼儿，这些会占用你绝大部分精力。你可以试着把清单挂在房间里，能随时看到它并完成。当我在整理女儿的卧室时，我觉得今天只要能成功地收拾完尿布和垃圾、换掉婴儿床的床单，那么即使接下来的一天乱到一地鸡毛也没关系，因为我至少把一个空间打理好了。这是我开始改善周围环境迈出的有力的第一步。

◆ 清洁计划

要是你觉得头绪太多，有点过载，上文的建议会是一个很好的起点。有些人喜欢制订每周清洁计划，而且他们的生活方式也允许他们这样做。我们没有必要这么严格,复杂的计划不一定比临时利用碎片时间打扫或等到有大块时间时再打扫要好。当我全职在家照顾孩子时,我尝试过制定一个打扫时间表,在楼上和楼下各贴了一张——把清洁工作分散到每天来做,这样就不会压得我喘不过气来了。而当我重新开始工作时,每天的家务就来不及做完了,所以我把时间表改成了一个比较简洁的清单,把家务集中起来在周日下午完成。

不过,比起列家务清单,我觉得更重要的是:你不要忘记照顾自己、善待自己。我强烈建议你把以下这三个规则写下来,放在需要的地方。

● 规则一:家务列表并不是为了监督而是为了帮助,我不是为这张家务清单而活的

家务清单能让你做起事来轻松、有条理一些,而不是为了把你逼崩溃。它不是在告诉你"必须做什么、还有多少事没完成",它的作用是帮你解决选择困难,因为事情越多,越容易信息过载,导致束手无策。有

了这张清单，你就不会焦虑地想把所有的东西都打扫干净了，也不用再浪费时间去分析哪项工作应该优先处理。你可以先做好今天的家务，然后专注于其他事，因为你知道其他的家务会在其他时间被完成。

● 规则二：就算错过列表日期，也不意味着懒惰——不要给家务附加任何道德标签

你可以不按照列表来做，可以休息一天或去做其他的事，完全没关系。我自己就几乎没遵照列表上的"除尘日"来打扫。

● 规则三：不必完成清单上的全部事项

我家有几个浴室，我不要求自己在一天之内打扫完所有浴室。我只打扫最需要清洁的或最方便清洁的那间。我甚至也不是轮流打扫它们，有时打理的就是上周打扫过的那间——不要在这上面花太多时间。尽管有时即使打扫过，它们还是看起来有点儿脏，那也没关系，打扫总比不打扫强。在那些应该整理厨房的日子里，我其实只清理了厨房中某几样需要清理的东西——我会在某一周擦拭台面和微波炉，下一周则清

洁烤箱。每次只做部分工作比较省力,也能维持这一空间的实用性。

这种"能用就行"的态度让我感觉不那么焦虑。

◆ 月度任务

对于"大型"的维护型家务——比如清洁空调或整理储藏室,可列出几项,每年做两次。以下是一些建议。

为每项任务安排至少一个月的时间作为缓冲。虽然外界有很多关于家务频率的建议,但并没有通用的所谓"正确答案"。找到适合你的频率,要控制在既能保证空间的实用性,又不会让你不堪重负的范围内。

你可能很想每个月都完成几件比较繁重的"大型"家务。如果你原本就形成了这种节奏和习惯,就按照习惯去做吧。但如果你刚刚开始恢复身心状态,不妨先坚持做一件,看看效果如何。别人清单上的某些项目可能对你来说根本不重要,没关系,跳过即可。有的清单对你来说内容太多了,省略某些项目也没关系。

这个家务计划最好精确度不要太高、不要太完美,让你觉得自己有时间和能力去实施,过于完美的计划会给你的生活增添压力。

另外,别忘了,你可以随时请求亲友的帮助或花钱雇家政人员。有了计划,无论是你准备自己做,还是请外援,都会方便一些。

比较繁重的"大型"家务

- 更换空调过滤器;
- 清理厨房橱柜;
- 清理车库;
- 清理衣橱并捐出旧衣物;
- 清理并捐赠玩具;
- 清理消毒冰箱内部;
- 收拾换季衣物;
- 清洗消毒垃圾桶;
- 清理排水沟;

……

◆ 如果你无法完成清单上的家务

当我开始按照清洁计划实施时，我往往会发现，有一项总是做得不顺利，或总是让我压力倍增，然后我会为没有完成清单而感到十分难受。

于是我干脆把那个项目从清单上删去。现在，整个清单都完成了。你可能会说："别自己骗自己了，你删除的那件事现在还没做完呢。"是的，不过就算它在清单上的时候，我也没完成呀，干脆把它删除，至少现在我不觉得内疚了。那件没做的事只是一直保留在初始状态罢了，又没有变得更糟。等到我感觉自己有动力的时候再开始做，这件事也能很快完成。

家务是每天循环产生的，而做事的动力就像发动汽车一样，需要先点火，再推动它持续运转。动力会产生更多的动力。如果你保持这种状态，就更有可能在某一天完成你从清单中删去的任务。

◆ 补货日

你知道我讨厌什么吗？我讨厌把洗碗巾从洗衣房

拿下楼，我讨厌更换卫生纸，我讨厌买一次性尿片。我非常不喜欢那些细碎、乏味的事儿。但我也不想在我需要的时候没有干净的洗碗巾、没有卫生纸或尿片。我知道安顿这些小事是在维持家的功能，但是我就是不想做。

这些小事让我烦心，因为我常常是在做其他事的时候发现缺少了这些用品，于是手头的事情就无法顺利推进下去了。我讨厌这种被打断的感觉，于是我把这些零碎的采购任务合并成一项大任务：集中补货。

我早就放弃了每周二的除尘工作，所以我的日程表上有了空档。于是我就把采购补货纳入其中。我放起音乐，拿出清单，完成这项任务让我很有成就感。

◆ 并非一蹴而就

我花了一年多的时间才建立起一些基本的规则和方法，让我的房子正常运转起来，但这离"做完所有家务"还差得远。我们会想："等我做完了，一切都会井井有条了，我就能喘口气了，感觉就不会这么糟糕了。"但现实是,家务无休无止。

不过,好消息是,你没必要为了让自己感觉好一些去达到更高的标准。你已经想了很多方法来照顾你的家了,你值得被善待——即使这种善意只来自你自己,即使你做家务的方法还没有完全发挥作用,你也可以生活得快乐一些。

你要接受所谓"最终完成"是没有意义的。这是一个过程,我自己也身处这个过程中。

你现在就很好,你的各项能力会慢慢恢复,未来会变得更好。

34 我最喜欢的仪式——"收尾动作"

还记得"善待自己"的思维练习吗？现在我要谈谈如何善待未来的你。

在服务行业工作过的人都熟悉所谓"开场"和"收尾"工作。比如，服务员和调酒师除了在要营业时间为顾客服务，还有一些其他任务：为餐厅开始营业做准备，也为下班做好收尾。在正式营业前，他们会切柠檬、摆放餐具、擦亮酒杯、开始煮咖啡。在下班前，他们会清理桌子、换桌布、给桌上的调味瓶添满盐和胡椒粉、收好清洗干净的盘子、清洁包间并消毒等。这些开场和收尾的工作虽然耗时不多，但十分重要，只有完成了这些工作，服务员才能顺利应付他们的主要工作——招待来用餐的客人。

日常生活中也是如此，当你应该处理某项工作却拖延着、没有动力去做的时候，不妨这样想，你要去做的事是在关爱"未来的你"。

明天会需要什么？现在做了，明天的你会不会开心一点？在我状况比较好的日子，临睡前，我会把洗碗机里的东西清理一下、收拾孩子的玩具、分装孩子的午餐、清理周围的垃圾、吃药、做一杯早晨喝的冷萃咖啡。这些零散的事儿作为一天家务的"收尾动作"可能只需要花半小时，但这能让你明天的工作更轻松。

◆ 你可以决定何时开始、何时结束

你可以为明天省一点力而多做一些，但不必把事情做得完美，不用达到所谓的"别人的标准"。只有当你"允许"自己不做这些事情时，你才是掌握了主动权的一方。关键在于，做这些事是为了关爱明天的你，如果有时你决定现在就休息，则是在关爱现在的

你——这两者同样重要。

我为自己列了一个清单,让自己在特别艰难的日子有规划可循。有时你可能忽然生病或忽然感到压力很大——比如,我本可以度过美好的一天,但到了下午4点,抑郁情绪忽然袭来,我觉得自己撞上了一堵墙,一下子什么都做不了了。在这种情况下,我最紧迫的任务就是让孩子们乖乖上床睡觉,而我立刻做些"收尾动作"来结束这一天的工作。我会挑出需要做的、最基础的事情:清洗奶瓶、扔掉厨余垃圾以免变质、吃药。于是,我打开装满干净碗碟的洗碗机,拿出碗,把脏奶瓶放进去,然后再次运转洗碗机;把吃剩的食物和包装纸清理掉,然后吃药。其他的事就暂时放一放吧。

做这些事只需要5分钟,而驱动我从抑郁中动手去做这些事的动力来自对现在的自己和明天的自己的善意。然后,我坐下来看看电视,或和丈夫一起外出散步。这是一个真正的双赢局面:现在的我可以休息,未来的我也能正常工作。

通常我们的时间安排是这样的：喂孩子们吃完晚饭，我就开始做收尾工作。我把小女儿哄睡放在婴儿床里，然后走出房间。当迈克尔哄我们的大女儿睡觉时（这是两项睡前工作中耗时较长、较为费力的一项），我走下楼，开始做其他家务。这时，如果我先坐下来放松一下，就很难再站起来了。驱动我完成收尾工作的是对明早起床后能轻松一点的期待。我通常会在迈克尔完成哄睡女儿的任务后，正式"打卡下班"。

◆ 别忘了：动力是关键!

如果你发现自己没有完成收尾工作该怎么办？

● 缩短待做事项清单，哪怕清单上只有一件事也不要去做它了。

● 更改清单上的内容。如果清单上有你认为"应该做"但其实并不关心的事情，你当然不会有动力。把你真正关注的事情挪到前面来。你可能知道"应该"每天晚上把脏碗碟洗掉，免得引来虫子，但也许你真正关心的是明天早晨能否一起床就喝到咖啡。

家务，随便做做就行了

● 更改做收尾工作的时间。或许把一些收尾工作安排在你下班进门后会比较有动力——你甚至不用脱鞋。你也可以根据自己的情况，把收尾工作留到第二天"开场"时做，因为那时你更有精力和动力。

家务在任何时间做都可以，最重要的是善待自己。只要你觉得自己有动力，你就可以增加家务列表上想做的事，也可以修改它、删减它，一切都取决于你。

35 "能力赤字"与支持缺失

不要因为觉得自己没能力照顾自己和一个家而自暴自弃,因为你真正的问题很可能是支持不足,自我关爱无法代替周围人给予你的照顾。努力"变得更好"会耗尽你最后的一点精力,如果把这些时间花在大哭一场发泄一下、睡个好觉或找点小乐趣上,或许更能让你坚持下去。你在料理家务这件事上得不到支持,不一定是某人的错,只是在人生的某些阶段,我们不得不一瘸一拐地艰难度过。

我常常回顾自己经历的艰难时期,我会温柔地对自己说:"我当时真的是尽我所能了。""尽力而为"

家务，随便做做就行了

这种事有个特点：它永远不会让人觉得自己做到了当时的最佳状态。事实上，当你正在"尽力而为"时，几乎总会觉得自己是失败的。

当我回忆16岁的自己在戒毒所里独自啜泣的情景时，我觉得应该去了解下何为"自我关爱"。这可不仅仅是定期去做做瑜伽或培养一门业余爱好。在你经历糟糕时期的时候，你会和我一样觉得自己一无是处，而别人还不断来评判你，说你不够积极进取。现在我明白了，当时的我已经尽力了。有时，我真希望当时有人能看到这一点，并告诉我，你已经做得很好了。

不过没关系。我现在一直都会提醒自己，你也应该如此。

36 家务外包也没关系

如果你的经济状况能够支撑你雇一位家政人员——哪怕每月只来一次——而你却没有,你该问问自己为什么不这么做。难道你认为你"不配"请一位家政人员吗?为什么不呢?雇一位清洁工、保姆或管家并没有什么可尴尬的。如果你正处于人生的某个特殊阶段,要做的家务远超你的时间和精力所能,而你的经济状况足够请人帮忙的话,那么雇一位家政人员是最现实的做法。别让心理上的尴尬阻止你。

"不想让家政人员看到我家里的卫生状况"和"不想让医生知道我的身体状况"一样不合逻辑。即

家务，随便做做就行了

使家政人员在背后议论你家又怎样？他们的想法与你无关，你首先要保护的是自己心态、自己的健康，需要减轻的是你的压力。

关于这件事，我的建议是：不要选择清洁服务公司，而是通过中介或社区找一个合适的人。当你与个人合作时，你可以更自由地和对方沟通，直接告诉他们，你需要他们做哪些工作，以及想让他们花多少时间来做。

在小女儿出生后的头几个月，我完全被笼罩在产后抑郁的阴影中，我成天照顾婴儿，觉得自己与世隔绝，生活只剩下了喂奶和没完没了的家务。当宝宝8个月大的时候，我终于决定去寻求帮助。我雇了一位打工的大学生来帮我打扫卫生。我坦率地告诉她，也许她会发现，我家里的一切都糟透了，乱得插不进脚。我说我的需求可能每周都会变化，有时候她可能做不完所有的家务，但只要能把乱七八糟的东西收拾起来对我来说就已经是很大的帮助了。她来的时候，我让她把堆在地板上的干净衣服叠好——因为洗完后我一直没有时间去收纳（在我还没意识到，很多衣物根本无须折叠之前，我一直努力想把它们收纳整理到抽屉里），然后根据我这一周的需求，打扫楼上或楼下。

这是我关于家政服务的最好的一次体验！以前，我请家政服务时，总会觉得压力很大，我甚至在他们到达之前，自己先进行一遍清洁和整理！把自己从"家里脏乱很丢人"的道德困境中解脱出来之后，我意识到自己根本不需要这么做，压力就减轻了很多。我知道这位来打工的大学生会一直来，心理压力就减轻了不少，后来我甚至发现自己每周都能抽出一点时间，在她打扫的基础上做一些清洁，我能够充分利用她的工作成果——有趣的是，当家务从"必须做"到"可选择"之后，反而为我带来了动力。

如果你无力支付聘请家政人员的费用，请家人或朋友来帮忙也能达到很好的效果。有时，只要有人在你做事时陪在你身边，你都会感觉好得多。如果你的朋友在照料自己家的家务上也遇到了困难，你们可以组成一个合作小组，每周轮流去对方家里一起处理清洁整理的"大任务"。

有时,我们的文化或家庭背景会让我们觉得,只有那些高高在上、装腔作势的人才会雇人。找家政人员而不是自己处理家务,会让我们产生心理负担。但是当你自己的情绪和体力无法支撑的时候,寻求专业人员的帮助绝对不是"高高在上"。"花钱请人来打扫整理房间"和"花钱送汽车去换机油"在本质上并没有差别。如果它能让你的情绪和身体更轻松,而你又负担得起,就值得去做,"能否为你提供帮助、是否对你的情绪和身体有好处"是唯一的标准。

无论是购买清洁服务、送餐服务、路边杂货,还是请人来收纳整理,只要你尊重他人,并支付他们应得的报酬,都没有问题,你应该卸下心理负担。

请记住,觉得花钱请人帮忙很丢人的概念,往往与一些刻板印象或不公平的认知直接相关——在这种认知中,把照顾他人作为你应尽的道德义务,让你以为这是你的价值核心。这是不对的,不要把这种责任揽在自己身上。你不需要符合某种标准才能免除自己做家务的义务。请家政人员来帮忙做家务是很正常的,就像身处现代的你不用自己搅拌牛奶做黄油或亲手织毛衣一样。

阅读捷径:可继续阅读下文有关运动、体重和食物的内容,或跳至 4 继续阅读。

37 糟糕的运动

我讨厌体育课,它是运动乐趣的终结者。真的。年幼的孩子最喜欢充满活力的游戏,却被逼着在体育课上单调地跑圈。好吧,也许不是每所学校都这样,但我确实是在学校的体育课上发现,有人把乐趣从运动中分离出来,制造出"锻炼"这个恶魔。而且,我们竟然还有瘦身文化这种东西!它规训我们,声称运动的目的是保持苗条的身材和吸引力。

这些东西破坏了我们与快乐的肢体运动的关系。如果你参加运动的动机是对自己的身体"不够美"有羞耻感,那么运动就会成为一种不愉快的体验(疼痛、无聊和出汗是我最不喜欢的3件事）。你到底为什么会喜欢某种运动甚至一再重复呢？

我坚持我的观点：我们大多数人目前的锻炼方式很糟糕。就像家务一样，当它们的功能只是为了满足"我们应该做什么"的外部标准时，它实际上会让我们远离真正的自我关爱。

但是，运动不该如此。我回顾自己的生活经历并自问："我有哪些关于运动的快乐记忆？"脑海中那些鲜活的感受甚至会让我热泪盈眶。

我记得自己在八年级时参加啦啦队，我的身体准确无误地跟着每个节拍，与团队其他成员同步跳跃，我感到无比快乐。我还记得，当我们在一次赛事中获得亚军时，自己充满了力量，简直能跃入空中。

我还记得年少时参加足球比赛，感觉自己的脚与球有力地连接在一起，充满了运动的快感。我还记得在鲍勃·马利的音乐节上，我不管不顾地赤着脚，身体像水母一样随着音乐的节拍摇晃，忘我地舞蹈。我还记得，我的婚礼DJ将艾米·怀恩豪斯的一首歌献

家务，随便做做就行了

给我们所有经历过生活的磨难并幸存下来的人（我戒瘾成功已经 10 年了），尽管当时我们没怎么喝酒，但大家都在舞池里舞疯了。我记得我的朋友乔希跳舞跳得裤子都开了线。我记得那晚我被丈夫抱着跨过酒店的门槛——不是因为婚礼传统，而是因为我跳舞时把脚底都磨破了。

从什么时候开始，运动失去了乐趣？从什么时候开始，成年人的生活中运动不再和快乐相关了？我还能找回这种快乐吗？你能吗？我们一起尝试吧！

38 你的体重无关道德

别忘记，养护你自己的身体也是你每天要做的日常任务之一。

让身体休息、用服药来控制健康状况、活动身体、参与理疗和其他治疗都属于你的自我照护任务。研究哪些食物和营养能帮助你的身体发挥最佳功能、让你每天感觉更棒，其实是件非常有趣的事。但，让你"变瘦"或"一直保持纤瘦"并不是你的义务，这不是在照护你自己。

有很多方法可以让你的体型变得更纤瘦，但无一例外，它们都不会让你更健康。我既不是医生，也不是营养师,但我听过很多专业人士从健康角度出发提出的意见。健康的生活习惯能让你感觉更好、身体机能更强,而不是老让你想着自己要更瘦。

我们以健康为目的、照顾自己身体的过程中,体重有时会减轻,有时会增加,也可能根本不会改变——体重根本不是重点!

最近有人在我的视频下评论说:"你要是减肥了会更好看。"我的第一个想法是:"好看?为了谁变好看?你谁啊?"我不觉得自己有任何义务为互联网上的某个浪荡子制造性吸引力,但这句话让我想了好几天,不是因为它伤害了我的感情,而是因为我很惊讶它没有伤害我。

一天晚上,我躺在床上,宝宝在我怀里睡着了,天使般的脸蛋靠在我的肘弯里,照亮了我的世界。我意识到,很多人之所以想变瘦、变苗条,是因为想要被爱和幸福,把服从大众的审美当作被爱的条件。但如果你足够自洽,瘦不瘦根本不重要。

39 "吃什么"无关道德

你应该好好吃饭,这是你应得的。你昨天吃的东西、今天说的话或明天未做的事都不应该影响你好好吃饭。你今天没能做出一顿营养健康的完美饭菜,并不意味着你自己不该进食。当你处于困难时期,所有的热量都是好热量。食物没有好坏之分——没有对或错的食物,没有绝对健康或绝对不健康的食物。

健康饮食是一种全面的状态,不仅仅意味着你要知道所吃的食物中的营养成分。在吃冰淇淋时,心情放松愉悦而不是心存自责,比在自我厌恶中吃蔬菜沙拉更健康。焦虑和完美主义对你的健康毫无帮助。

归根结底,你与食物的关系只是影响你健康的因素之一,让自己在良好的心态下进食和"吃什么"一样重要。不要被所谓的"健康食谱"困住,你可以采用更简洁的方案。

规划菜单并不是人人都会做的事情。菜单的存在不是为了给你增加"必须去做"的压力,而是为了让你能更轻松地吃和购买食物——这才是它原本的功能。在我生活中的大部分时间里,列出菜单给我带来的压力远远大于"不知道吃什么"的压力。我成家之后,这方面的压力就更大了。作为家中负责准备食物的人,我得时刻盯着冰箱,计划着一天、两天甚至三天需要准备的菜式,要注意全家的营养摄入——与此同时,我的脚踝上还挂着最小的宝宝,她像小秤砣一样给这种压力加码。在这种时期,随便采购食物给我带来的压力开始大于规划菜单,我开始尝试提前规划一周的餐食,按照计划采购和烹饪。

你看,没有所谓完全正确的方法,只有压力较小的选择。

家务，随便做做就行了

是否制订计划，完全由你来决定。

如果你想尝试规划你家的菜单，可以在兴之所至时收藏一些点子。你吃了一顿好吃的，觉得自己也可以试着做做，不妨把它记下来加入"收藏夹"。你不一定需要把整顿饭完整而复杂的菜式都开列出来，记下跃入脑海的零碎点子就行。吃了一个非常好吃的三明治？记下来。在意大利通心粉上淋上罐头酱汁味道不错？那就写进备忘录吧。

最终，你就会积累起一份你喜欢的菜单列表。在去商店之前，你可以为一周的餐食有计划地挑选食材。这就是适合你自己的餐食计划。

如果你的精神状态差到难以自己独立规划吃什么，那就试试参考儿童食谱的配方吧。儿童食品的设计宗旨是最大限度地在有限的口感和形式里包含各种营养物质。袋装酸奶、酥脆谷物、能用微波炉烹制的奶酪通心粉……再加点复合维生素，就能维持基本的生存需求了。

家务，随便做做就行了

40 重拾你的节奏

即使我在家务上的"偷工减料"让我轻松了不少，但还是会遇到心有余而力不足的时候。在熬过了一段特别漫长的、没有学前班的日子之后，我的一个孩子生病了。由于熬夜照顾她，我第二天早晨感到疲惫不堪，提不起劲。于是，我带着孩子们穿着睡衣，一起看电影、打盹儿，晚上7点，我把大家（包括我自己）都哄睡了。

次日，我感觉自己休息好了，准备让这一天更有条理地度过。我感到干劲十足，不仅能完成当天要做的家务，甚至还能把前一天没做完的事情补上。

这种干劲满满的状态主要归因于我正确看待自己前一天的情况。如果我把前一天"躺在床上看电视、什么家务都没做"视为失败,那么"回到常规节奏"就会变得更加困难。任何时候都不要将休闲视为失败。

我们应该给自己留出看爆米花电影的休闲日,用这一天的时间善待自己,让自己彻底放松下来,休息一下。这不是意志软弱的表现,也不是失败,这是我们能够在第二天醒来后把事情做好的关键。

你值得拥有一个美好的周日

最近,我看到这样一条粉丝评论:"谢谢你的建议!我外出放松了一整天,享受好天气,还品尝了近期很红的南瓜口味咖啡,而不是像以前一样,在周日花 8 个小时做家务。真的没有必要!我觉得回家后花个 2 小时清洁也就够了。"

这段留言,让我开心到想要跳舞。她做得很棒!是的,如果想要享受一个美好的星期天,我们就需要有整洁的衣服穿,这是我们洗衣服的目的;我们需要有体力和精力去投入快乐的休闲活动,这就是做饭和吃饭的目的;你也许想戴上你的新帽子去逛街,或在公园里读一本书,这就需要整理储物空间,让你在需要的时候能找到它们。

我们所做的家务都是为了让家发挥实用功能,这跟道德无关。你不需要做满8小时、让家保持完美之后,才觉得自己有资格在公园待一天。你可以享受美好时刻,然后花2小时做一些必要的事,让生活安好、继续运转,这样你才能以愉悦的心情去应对即将到来的一周。

你不是为了服务于你的空间而存在的,你的空间应该服务于你。内化这一观点将为你的生活带来改变。

做家务的唯一理由是:让你的身体和你所处的环境足够舒适,让你能够体会生活的乐趣。

附录 1

家务与护理工作的实际功能有 3 个层次——健康与安全、舒适、快乐（见本书第 27 页）。不同的家务，是为了达成不同的实用目的，你可以按照你的需要，来决定做到什么程度，不要被"完美"绑架。

◆ 清扫地板
● 健康与安全：消除绊倒的危险，防止虫子、霉菌和细菌在家滋生。
● 舒适：希望有足够的空间让孩子们玩耍，赤脚时不要有尘土粘在脚上。
● 快乐：我喜欢地板擦洗得干干净净时房间的样子，感觉很宁静。

◆ 洗衣收纳
● 健康与安全：大家都有干净的衣服穿。

● 舒适：衣服看起来清爽整洁，衣橱能让我轻松找到要找的东西。

● 快乐：我喜欢整齐的衣橱。

◆ 收拾整理

● 健康与安全：消除绊倒的危险。

● 舒适：能方便地找到需要的东西，有足够的空间放置发展爱好的用品，能让孩子在玩耍时更专注。

● 快乐：我喜欢在主卧室布置节日装饰，我喜欢为客人创造好的环境。

◆ 清洁浴室

● 健康和安全：防止霉菌和细菌滋生、传播。

● 舒适：能方便地找到自己的东西，能清楚地照镜子，周围气味宜人。

● 快乐：洁净的浴室能让人平静，化妆台干净整洁令人心情愉悦。

◆ 清洗碗碟

● 健康与安全：有干净的餐具吃饭，有干净的厨具做饭。

● 舒适：有干净的水槽用来擦擦洗洗，有更多的台面空间。

● 快乐：（我个人不喜欢洗碗，无法从中收获快乐）

◆ 洗澡沐浴

● 健康与安全：需要清除身上的污垢和死皮。

● 舒适：让头发漂亮、清爽、好闻而不油腻，在公共场合有自信。

● 快乐：我喜欢在浴室放松、自省，在泡澡时悠闲地看书。

◆ 家具除尘

● 健康与安全：需要预防过敏，控制哮喘。

● 舒适：衣物不会沾上灰尘、宠物毛发。

● 快乐：我喜欢为客人创造一个清爽的空间。

◆ **清洁厨房**

● 健康与安全：需要防止虫子、细菌和霉菌滋生。

● 舒适：有足够的空间在厨房岛台上烹饪和做我喜欢做的事，餐桌干净，全家人可以聚在一起吃饭。

● 快乐：我喜欢厨房台面干净时的样子。

附录 2

找到适合你的家务方法的关键在于：①了解家务、照护任务的功能；②认识到没有"正确"的方法，只有适合你家的方法；③围绕你的习惯建立程序（而不是围绕程序去培养习惯）。唯一能告诉你什么方法合适的人就是你自己。

下面，我将与大家分享一些想法和问题，供大家思考。你可以花点时间去发现和尝试哪种更有效。

◆ 洗衣与衣物管理

● 家庭衣橱：有孩子的家庭可以把大家的衣服放在同一个大衣橱（或房间）里。这样，不仅早晨穿衣服时便于拿取，收纳衣服的速度也更快，这个地点还可以用来集中脏衣服。把这个更衣处设立在洗衣机和烘干机附近会更方便。

● 干净衣物篮：有多少衣物真的需要折叠？内衣、睡衣或运动短裤都不用折。如果不用折衣服和收纳，你能节省多少时间、免除多少压力？你已经为家人把衣服洗干净了，能不能把他们的衣服分类放进篮子里，让他们自己折？

● 全部挂起来：其实，你可以把所有衣物从烘干机里拿出来就直接挂起来。挂起来的衣服更方便使用者翻找和选择，而且比折叠更省时间。衣柜不够大？也可以挂在其他地方，比如在卧室里放一些立式衣架。

● 分类洗涤：如果你按人或衣物类型洗涤，洗完后就不必花时间分类了。减少麻烦、节省时间，对某些人来说非常重要。

● 探索不同的节奏：对有的人来说，每天洗少量衣物更轻松；对另一些人来说，每周指定一个洗衣日更好。适合你的方法就是最好的。

● 缩减衣物：减少衣物也许是解决洗衣问题的办法。如果你手头的衣服少了，洗衣量就会减少。缺点是如果你漏洗了一天，可能就没有干净的内衣了。

● "调色板"衣橱：缩小衣橱（进而缩减洗衣量）而不牺牲衣物数量的方法之一是：挑选 4~6 种互补色的衣物，可以确保用较少的单品搭配出较多的穿搭效果。此外，还能减少穿衣时的选择压力，因为你的衣服互相之间很百搭。

● 家务外包：你的经济状况能负担得起外包烫洗吗？如果洗衣、烘干、晾晒、熨烫、折叠收纳的整个过程，成了你的烦恼之源，为什么不完全外包出去呢？你应该继续去做更重要的事。

◆ 餐具管理

● 收尾工作：把洗碗作为收尾工作的一部分，每天做一些可以应付的工作，把工作量限定在可控范围内，不要整天赶工。

● 换上较轻的餐具：如果你体力不支或行动不便，可以将厚重的玻璃、陶瓷碗碟换成轻便的塑料质材，能够减轻不少洗碗负担。即使在心理上，较轻的碗碟也能让人感觉任务不那么繁重。

● 一人一碟：有些家庭会给每个人分配一个杯子、一个盘子和一个碗（有时用颜色区分）。年龄够大的孩子可以负责清洗自己那套餐具。有限的餐具数量不会让水槽里的碗碟多到令人厌烦。

● 直接放入洗碗机：如果你有洗碗机，可以考虑每天早上第一件事就是把洗碗机里干净的餐具取出来（甚至可以提早一些起床）。这样，当天使用过的脏盘子可以直接放进洗碗机了，不会堆在那里让人看着心烦。

● 使用纸餐盘：如果你的身心障碍严重影响了生活质量，洗碗成了沉重的负担，你可以考虑换用纸餐盘，哪怕只是暂时过渡。产后、丧亲、抑郁发作和健康问题都会影响你的精力和注意力，这时候就用一次性餐具吧，减轻你的压力最重要。

● 脏碗中转站：为脏碗碟准备一个专用架子，可以让你在手洗或装入洗碗机时不那么手忙脚乱。凌乱的脏餐具会在视觉上给人压力。另外，也可以买个洗碗盆，它能提高空间功能——脏盘子放进盆里，使洗碗池保持干净,随时能用。

● 增加餐具架:把脏餐具从恶心的水槽里捞出来让人压力倍增。你可以像我一样多备一个洗碗机用的餐具架,把它放在厨房台面上。用完的脏餐具可以直接扔在里面,在临睡前洗碗时,再用它把洗碗机里装着干净餐具的架子整个换出来。

● 分类清洗:如果你正处在艰难阶段,而碗碟堆积如山,那么尝试在洗碗之前,花点时间把餐具分门别类地放好,这可以帮助你减轻不知所措的无助感。

◆ 储物体系

● 篮子:凌乱与有序之间的差别往往在于一个摆放得当的篮子。把篮子放在需要整理的地方。鞋子堆在门前?丢进篮子。洗好的衣服挂在楼梯上?丢进篮子。床头柜上有垃圾?丢进垃圾篮。

● 垂直杂物柜:你可以在墙上或门后挂一个悬挂鞋架,安置一些小杂物柜,这样可以拓展放杂物的空间,你也可以很方便地看到它们并取用。

● 透明储物：有些人喜欢清爽的桌面和空旷的房间。但并不是每个人都喜欢这种风格或需要这种功能。如果您喜欢这样的效果，可以设计自己的储物方式。透明篮筐、粘贴挂钩、托盘和开放式架子，能让每件物品有固定位置，便于使用和记忆。

● 杂物托盘：目前有 40 件物品在我的厨房里，但房间看起来不怎么乱，因为这些物品要么堆在餐桌转盘上，要么收在玻璃果盘里。另外，我还有一个装婴儿零食的布篮，以及 4 个"待办事项"托盘。厨房里的这些容器收纳了零碎物品，让我拥有足够大的空间，烹饪、工作、发展爱好。

● 橱柜没有规则：我发现我家门厅里的那个橱柜有点像单行道——我总是把东西放进去，最后把它塞得满满的，但几乎从不把东西拿出来。我很难记住里面放了什么东西，还在外面又安装了一排挂钩，让家里人用来挂外套和雨衣。我意识到这个橱柜不适合收纳那些不常用的东西，它们会很快被遗忘，却占领了这个便于取放的收纳空间。于是，我把里面的东西都搬到了楼上，在这个橱柜里安装了搁板，用来存放厨房和客厅里较常用的物品。当然，没有人规定哪个橱柜应该放什么东西，你可以根据需要改变橱柜的用途。你家有哪个橱柜可以改造以获得更实用的功能？

● 标签：有着定制标签的箱柜固然漂亮，却会阻碍你进行个性化改造。当你想改变这个箱柜的用途时，无法更换的定制标签会让你内心某处产生小小的烦恼。便利贴或胶带就很好。你可以在架子上贴个便利贴，标明某件物品应该固定放置在这里，这在整理时很有帮助。如果想调整用途，换个贴纸就好！

● 文件和邮件：重要文件可以存放在风琴夹文件包中，如果你觉得整理文件很困难，把它们弄得更醒目一些可能会有所帮助，比如在账单上写明到期日，挂在冰箱或软木板上。有的人比较偏爱扫描保存电子版，那就扔掉实物副本。

致谢

衷心感谢所有促成本书出版的人。感谢金伯利·威瑟斯彭(Kimberly Witherspoon)、杰西卡·米莱奥(Jessica Mileo)及墨池出版公司(InkWell Management)所有相信我的人,感谢莉亚·特鲁瓦伯斯特(Leah Trouwborst)、西蒙与舒斯特(Simon & Schuster)的团队,他们从一开始就支持我的想法。感谢支持我写作并阅读本书早期节选的亲朋好友,尤其是我亲爱的丈夫迈克尔,是他从繁忙的律师工作中抽出时间编辑了本书的自印版。感谢雷切尔·莫尔顿(Rachel Moulton),当我还是个新手作家、对行业一无所知时,她无偿奉献了自己的时间和专业知识。感谢迈克尔的母亲戴比·菲普斯(Debbie Phipps)为我们牵线搭桥;还有我的母亲,我刚刚开始自己的事业时,是她第一个鼓励我去大胆追求理想。

我要特别感谢伊玛尼·巴尔巴林（Imani Barbarin），她以包容的眼光阅读了我的手稿，而我的局限性让我无法发现问题；感谢拉克尔·马丁博士（Raquel Martin），感谢她分享的护发知识；感谢罗宾·罗希基诺（Robin Roscigno）就如何更好地创作一本让神经多样性患者群体能够轻松阅读的书所提供的意见。他们的贡献和反馈使本书超越了我自己的局限。

布勒内·布朗（Brené Brown）博士和克里斯廷·内夫（Kristin Neff）博士对我的工作产生了深远的影响，他们对病耻感和自我同情的研究对我来说具有重大意义。我还要感谢卡罗琳·杜恩（Caroline Dooner），她的《该死的减肥》（*The F*ck It Diet*）让我认识到了食物和身体与道德无关的原则，这一概念引发了我的思考，开始探寻生活中还有哪些方面是与道德无关的。

心理学博士莱斯利·库克（Lesley Cook）对我理解执行功能障碍及如何更好地帮助那些与之抗争的人贡献良多。

我还要感谢每一位参与"自然发质"活动的女性，

是她们让我知道丝绸帽和枕套有多好用。

最后要感谢我的治疗导师,是她教会了我一切;感谢奇科(Chico)和海蒂(Heidi)——他们这下要不停争论我在这里说的是哪个了。

关于作者

凯瑟琳·戴维斯是一位心理治疗师、作家和演讲家,也是心理健康平台"挣扎与关怀"(Struggle Care)的创始人。她通过这个平台与需要面对心理健康、身体疾病和艰难生活的人分享自我照护和家庭护理的方法。

作者在16岁时,因吸毒和心理健康问题接受了治疗。戒毒后,她成了心理健康和康复工作的从业者。她职业生涯的大部分时间都在戒毒领域工作,担任过治疗师、治疗顾问和执行总监。如今,她与丈夫和两个女儿在美国休斯顿生活。

HOW TO KEEP HOUSE WHILE DROWNING

Copyright © 2022 by Katherine Davis

This edition arranged with InkWell Management LLC

through Andrew Nurnberg Associates International Limited

上海科技教育出版社经 InkWell Management LLC

授权取得本书中文简体字版版权